21世纪高职高专计算机教育规划教材

Axure

原型设计

基础

主　编／周　檬　石建国　石彦芳

副主编／陈永峰　牛顺华　张自儒

参　编／郝艳荣　胡金扣　陈　颖

　　　　张国丽　刘建彪　王少永

中国人民大学出版社
·北京·

图书在版编目（CIP）数据

Axure 原型设计基础 / 周檬，石建国，石彦芳主编.
-- 北京：中国人民大学出版社，2021.1
　21 世纪高职高专计算机教育规划教材
　ISBN 978-7-300-28922-9

Ⅰ.①A… Ⅱ.①周… ②石… ③石… Ⅲ.①网页制
作工具－高等职业教育－教材 Ⅳ.①TP393.092.2

中国版本图书馆 CIP 数据核字（2021）第 016053 号

21 世纪高职高专计算机教育规划教材
Axure 原型设计基础
主　编　周　檬　石建国　石彦芳
副主编　陈永峰　牛顺华　张自儒　郝艳荣　胡金扣　陈　颖
参　编　张国丽　刘建彪　王少永
Axure Yuanxing Sheji Jichu

出版发行	中国人民大学出版社		
社　　址	北京中关村大街 31 号	邮政编码	100080
电　　话	010－62511242（总编室）	010－62511770（质管部）	
	010－82501766（邮购部）	010－62514148（门市部）	
	010－62515195（发行公司）	010－62515275（盗版举报）	
网　　址	http://www.crup.com.cn		
经　　销	新华书店		
印　　刷	唐山玺诚印务有限公司		
开　　本	787 mm×1092 mm　1/16	版　　次	2021 年 1 月第 1 版
印　　张	9.25	印　　次	2024 年 6 月第 5 次印刷
字　　数	200 000	定　　价	29.00 元

党的二十大报告指出，教育、科技、人才是全面建设社会主义现代化国家的基础性、战略性支撑。教育是国之大计、党之大计。职业教育是我国教育体系的重要组成部分，肩负着"为党育人、为国育才"的神圣使命。本教材以习近平新时代中国特色社会主义思想为指导，深入贯彻落实党的二十大精神，将思想道德建设与专业素质培养融为一体，着力培养爱党爱国、敬业奉献，具有工匠精神的高素质技能人才。

Axure RP 是 Axure Software Solution 公司旗舰产品，是一款专业的快速原型设计工具，让负责定义需求和规格、设计功能和界面的专家能够快速创建应用软件或 Web 网站的线框图、流程图、原型和规格说明文档。Axure RP 支持多人协作设计和版本控制管理。

原型是一种行之有效、可操作性强的产品开发理念。其主要思想是在需求分析阶段先行开发一个与需求尽可能匹配的"简约版"产品，然后通过需求分析沟通，再进行更改，以便准确地表达客户真实需求，并最终实现产品的成功开发。

本书以 Axure RP 8 为主要工具，由浅入深地讲解了原型从创建到输出的详细过程；以项目案例及其任务实现为驱动，采用知识点＋实例＋实训练习的方式，通过详细的操作步骤和准确的说明，帮助读者快速掌握 Axure RP 8 的使用方法和技巧，掌握网站建设技能。全书共分为九个项目，分别讲解了：产品原型设计理念、Axure RP 8 基本操作、元件库的定义、条件判断和流程图绘制、页面搭建及跳转、通过变量进行已注册的验证、轮播图的制作，以及数据的添加、删除、修改、更新、筛选、排序、查询。

本书由河北软件职业技术学院周檬、石建国、石彦芳主编，其中，周檬编写了项目一至项目三，石建国编写了项目四至项目六，石彦芳编写了项目七至项目九；河北软件职业技术学院陈永峰、牛顺华、张自儒、郝艳荣、胡金扣、陈颖编写了书中的案例；张国丽、刘建彪、王少永负责书稿整理工作。本书还得到了中国人民大学出版社的指导和帮助，在此表示衷心的感谢！同时，本书在编写过程中参阅了国内外同行的相关著作和文献，谨向各位作者致以深深的谢意！

由于编者水平有限，书中难免存在错误与疏漏之处，恳请广大读者及使用本书的师生批评指正，以便今后进一步完善。

编者

C O N T E N T S   目录

了解产品原型设计

学习目标

1. 掌握原型设计的概念。
2. 了解原型设计的意义。
3. 了解 Axure RP 的基本功能。

1.1 原型设计的概念

原型是一种行之有效、可操作性强的产品开发理念。其主要思想是在需求分析阶段先行开发一个与需求尽可能匹配的"简约版"产品，然后通过需求分析沟通，再进行更改，以便准确地表达客户真实需求，并最终实现产品的成功开发。Axure RP 是一款快速原型设计工具，它通过设计出的逼真的项目原型，在软件开发前，真实地体现并直观地展示该软件的效果与核心逻辑功能，从而实现精确的需求分析。

原型是用线框、图形描绘出的产品框架，也称线框图。线框图描绘的是页面功能结构，它不是设计稿，也不代表最终布局，线框图所展示的布局，最主要的作用是描述功能与内容的逻辑关系。原型设计是一种让用户提前体验产品、交流设计构想、展示复杂系统的方式，可以展现出交互设计的结果，当最终实现的时候，交互流程会和原型保持一致，如图 1-1 所示。

原型是产品成型之前的一个框架勾勒和功能模拟，产品原型可以是简单的模拟（低保真原型）：它基本停留在产品的外部特征和功能构架上，由简单的线框图构成，用于表现最初的设计概念和思路，表达产品大致的框架。也可以是交互型模拟（高保真原型）：真实模拟产品最终的视觉效果、交互效果和用户体验，不用编程即可完美展示网站成型之后的样子，如图 1-2 所示。

图 1 - 1　基础手绘原型设计

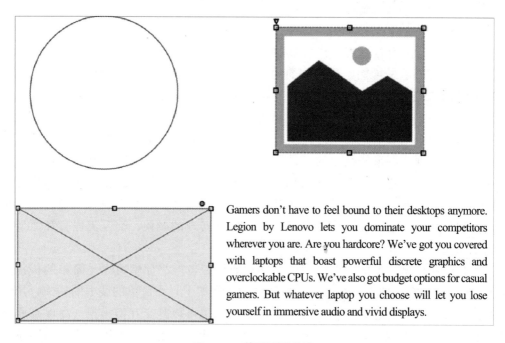

Gamers don't have to feel bound to their desktops anymore. Legion by Lenovo lets you dominate your competitors wherever you are. Are you hardcore? We've got you covered with laptops that boast powerful discrete graphics and overclockable CPUs. We've also got budget options for casual gamers. But whatever laptop you choose will let you lose yourself in immersive audio and vivid displays.

图 1 - 2　基础页面效果

交互式原型是指尽可能贴合最终用户界面的高保真原型，可以真实地模拟用户和界面的交互。当一个按钮被按下的时候，相应的操作必须被执行，对应页面也必须出现，尽可能地提供完整的产品体验。交互式原型囊括了产品该有的美学特征，并且尽量贴合最终版本。也就是说，它不涉及 HTML/CSS/JS，也不用考虑服务器端的程序和数据库即可实现，如图 1-3 所示。

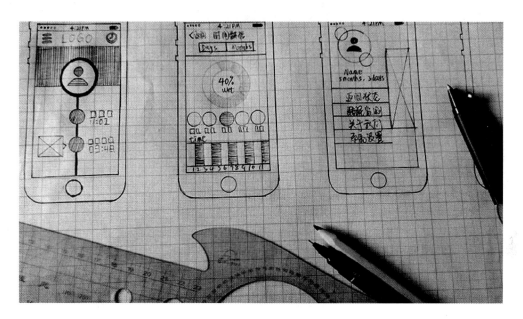

图 1-3　手绘交互式原型设计

原型设计的使用者主要包括商业分析师、信息架构师、可用性专家、产品经理、IT咨询师、用户体验设计师、交互设计师、界面设计师、架构师、程序开发工程师等。

1.2　原型设计的意义

原型设计是在项目前期阶段的重要设计步骤，是在正式开始视觉设计或编码之前最具成本效益的可用性跟踪手段之一，主要以发现新想法和检验设计为目的，重点在于直观体现产品的主要界面风格以及结构，并展示主要功能模块以及各模块之间的相互关系，不断确认模糊部分，为后期的视觉设计和代码编写提供准确的产品信息。

原型设计之于应用开发，是第一要素。它所起到的不仅是沟通的作用，更有体现之效。通过内容和结构展示，以及粗略布局，能够说明用户将如何与产品进行交互，体现开发者及 UI 设计师的想法，体现用户所期望看到的内容，体现内容相对优先级，等等，如图 1-4 所示。一方面，对设计师和开发者而言，原型是用来测试产品的绝妙工具，原型测试能够节省大量的开发成本和时间，可在确定交互界面之后再正式开发后端产品架构。另一方面，将原型提供给用户，并跟踪用户反馈，可以及时了解产品各个细节的功效，并且可以提升整个团队的积极性。

图 1-4　交互式页面效果

典型的软件产品开发过程一般经历需求分析、产品方案、交互视觉设计、开发、测试、上线六个阶段，这六个阶段形成一个闭环，每一环节称为一个"迭代"。需求分析阶段决定一个产品或一个功能可做还是不可做；产品方案阶段为需求确认后，产品经理进入细化产品方案设计环节，包括梳理功能、细化逻辑和排优先级等；交互视觉设计阶段用于更生动地表述需求，交互设计师在充分理解产品目标客户、场景和需求的基础上，结合交互稿，使用视觉语言来完善每一个 UI 的具体视觉细节；开发阶段是开发工程师依照产品需求文档、交互稿和视觉稿，将产品方案通过编程的方式真正实现出来；测试阶段为产品开发上线前经过的各类测试，产品通过测试后，可对外上线供客户使用。

1.3　Axure RP 概述

目前，市面上有很多款产品原型图工具，如 Axure、Mockplus、墨刀等。现在，很多原型设计工具都可以让设计者不使用编码（Objective C、Swift 或者 JavaScript）便能迅捷高效地生产出可交互高保真原型，且具备功能性和一定的动效——动态可交互原型的价值胜过千张静态图片。那么，选用什么工具来完成快速原型绘制就成了一个争论不断的话题，从早些年用户较多的 Visio 到如今 Axure/OmniGraffle/Adobe Creative Suite 遍地开花，再加上在线工具 Balsamiq、Lucidchart 或 Google Drive，思维导图工具 XMind、Mindmanager 或 MindNode，在不同的细分领域给了我们很多的选择。

那么，哪个才是最好的原型设计工具呢？其实，在实际使用过程中，由于项目具体阶段、平台特性以及输出物展示对象的不同，并没有哪个工具受到设计师一致认可，每个都有各自的优势和缺陷。工具只是实现目标的一个手段，因此，选用何种工具完全基于个人的习惯及方便。

其实一直以来，对于原型工具的使用，业内存在两种不同的声音：一种是号召大家手绘原型，表意清楚即可；另一种是信奉"工欲善其事，必先利其器"，鼓励大家尝试各种原型工具软件。Axure RP 便是首选工具之一，Axure RP 可以快速、高效地创建产品原型，特别是支持多人协作设计和版本控制管理的产品设计模式，已经被很多企业所接受。甚至在企业产品经理的招聘条件中，"能够熟练使用 Axure"已经成为基本要求之一。

Axure RP 是一款快速原型设计工具。Axure 代表美国 Axure Software Solution 公司；RP 则是 Rapid Prototyping（快速原型）的缩写。Axure RP 是该公司旗舰产品，是一个专业的快速原型设计工具，让负责定义需求和规格、设计功能和界面的用户能够快速创建应用软件或 Web 网站的线框图、流程图、原型和规格说明文档。它不需要用户具备任何编程或写代码基础，就可以快速、高效地创建原型，设计出交互效果良好的产品原型，常用于互联网产品设计、网页设计、UI 设计等领域。作为专业的原型设计工具，它还能同时支持多人协作设计和版本控制管理。

Axure RP 作为一款热门的原型设计工具，可以完成很多纸和笔做不到的事情，特别是高交互的页面，用动画效果展现可以让人瞬间清楚你要表达的内容。Axure 的可视化工作环境可以让用户以鼠标的方式轻松快捷地创建带有注释的线框图，不用进行编程，就可以在线框图上定义简单连接和高级交互。

本书以 8.0 版本为例来介绍，软件界面如图 1-5 所示。

图 1-5　Axure RP 8.0 界面

项目小结

原型是产品成型之前的一个框架勾勒和功能模拟，产品原型可以是简单的模拟（低保真原型）：它基本停留在产品的外部特征和功能构架上，由简单的线框图构成，用于表现最初的设计概念和思路，表达产品大致的框架。也可以是交互型模拟（高保真原型）：真实模拟产品最终的视觉效果、交互效果和用户体验，不用编程即可完美展示网站成型之后的样子。

交互式原型是指尽可能贴合最终用户界面的高保真模型，可以真实地模拟用户和界面的交互。当一个按钮被按下的时候，相应的操作必须被执行，对应页面也必须出现，尽可能地提供完整的产品体验。

原型设计在整个产品流程中处于非常重要的位置。在进行原型设计之前，需求或是功能信息都相对抽象，原型设计的过程就是将抽象信息转化为具象信息的过程，之后的产品需求文档是对原型设计中的板块、界面、元素及它们之间的执行逻辑的描述和说明。

思考与练习

1. 简述原型的概念。
2. 原型设计的意义是什么？

认识 Axure RP 8

学习目标

1. 掌握 Axure RP 的主要功能。
2. 熟悉 Axure RP 的工作环境。
3. 熟悉 Axure RP 主要界面的操作。
4. 熟悉交互设计的概念。
5. 了解 Axure RP 8 的安装和注册方法。

2.1 Axure RP 的工作环境

Axure 的可视化工作环境可以让用户轻松快捷地以鼠标操作的方式创建带有注释的线框图。不用进行编程，就可以在线框图上定义简单连接和高级交互。软件可以在线框图的基础上自动生成 HTML 原型和 Word 格式的文件，见表 2-1。

表 2-1 产品对比

	上手难度	流程图	线框图	文字说明	交互表达式	篇幅设计	演示
纸笔	容易	✔	✔	✔	✘	✘	✘
Word	一般	✔	✔	✔	✘	✘	✘
PPT	一般	✔	✔	✔	✔	✘	✔
PS	复杂	✔	✔	✘	✘	✔	✘
DW	困难	✔	✔	✘	✔	✔	✔
Axure	容易	✔	✔	✔	✔	✔	✔

2.1.1 Axure 能做什么

随着 Axure RP 原型设计工具的广泛应用，Axure RP 已经被很多大型企业所采用，使用者越来越趋于广泛，不但包括了最初 Axure RP 原型工具的主推对象：产品经理、需求工作人员、专注功能交互和界面设计的交互设计师、可用性专家、UI 设计师等，甚至产品规划、设计、开发、测试、运营环节的参与人员，如：商业分析师、信息架构师、IT 咨询师、架构师、程序开发工程师也在使用 Axure。

2.1.2　Axure RP 的主要功能

1. 线框图（Wireframe）

线框图，如图 2-1 所示，在 Web 开发和软件开发项目中扮演着极其重要的角色。在进行网站视觉设计的流程中，绘制线框图是将创意转换成客户应用程序的第一步，也是最重要的一步。负责战略层、范围层和结构层的设计者可以借助线框图来保证最终产品能满足客户的期望。网站建设人员也可借助线框图来回答关于网站运作的问题，如图 2-2 所示。

图 2-1　线框图

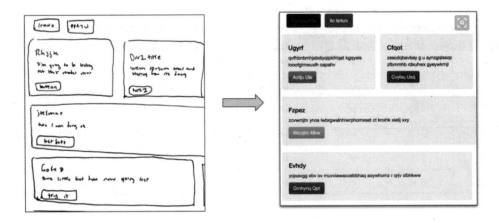

图 2-2　线框图式思维转化

　　Axure 线框工具可以帮助用户简化烦琐的设计过程，为用户节省时间和精力。在制作线框图的时候，尽量创建可编辑、可重复使用的元素，如图 2-3、图 2-4 所示。这样，制作原型的时候，在之前的基础上继续细化这些元素即可。

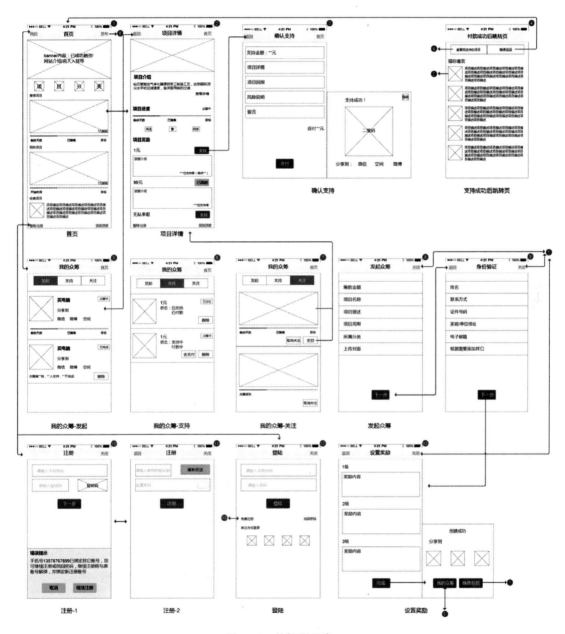

图 2-3　线框图元素一

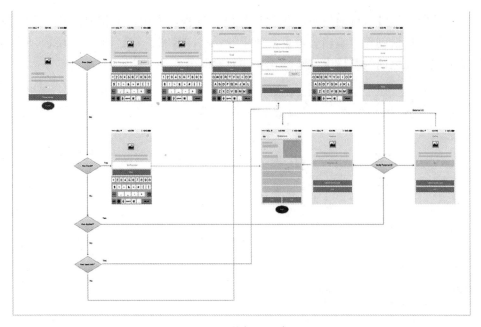

图 2-4　线框图元素二

2. 流程图（Flow）

Axure 提供了丰富的流程图元件，用户可以很容易地绘制出流程图，轻松地在流程之间加入连接线并设定连接的格式，如图 2-5 所示。

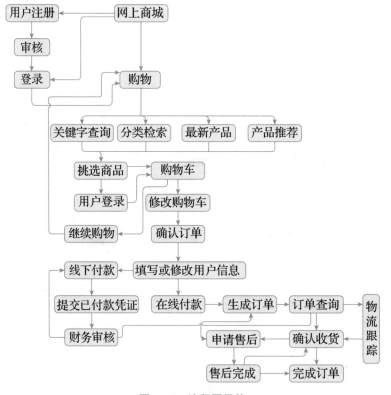

图 2-5　流程图元件

3. 交互设计

大部分元件都可以对一个或多个事件产生动作，如鼠标的 OnClick、OnMouseEnter 和 OnMouseOut；单选框和复选框则具有 OnFocus、OnLostFocus；文本框、文本域、下拉框、列表框则具有 OnKeyUp、OnFocus、OnLostFocus；页面加载或模块被载入时则发生 OnPageLoad 等。

- OnClick：鼠标单击。
- OnMouseEnter：鼠标指针移动到对象上。
- OnMouseOut：鼠标指针移出对象。
- OnFocus：鼠标指针进入文字输入状态（获得焦点）。
- OnLostFocus：鼠标指针离开文字输入状态（失去焦点）。
- OnPageLoad：页面或模块载入。

4. 输出网站原型

Axure RP 可以将线框图直接输出成适应浏览器的 HTML 项目。

5. 输出规格说明文档

Axure RP 提供了自动生成需求规格说明书的功能，并提供 word 和 chm 两种输出格式。文件中包含了目录、网页和附有注解的原版、注释、交互和元件待定的信息，以及结尾文件，规格的内容与格式也可以根据不同的阅读对象变更。

2.1.3 Axure RP 的工作环境

Axure RP 的界面如图 2-6 所示，主要包括：菜单栏、工具栏、工作区、面板。

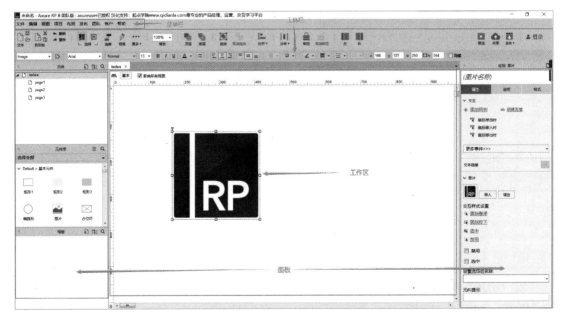

图 2-6　Axure RP 的界面

1. 菜单栏和工具栏

执行常用操作，如打开文件、保存文件、格式化控件、自动生成原型和规格说明书等，所在位置如图 2-7 所示。

图 2-7 菜单栏和工具栏

（1）菜单栏。

菜单栏位于界面的最顶端。按功能划分为 9 个菜单，如图 2-8 所示。每个菜单包含同类的操作命令。

文件 编辑 视图 项目 布局 发布 团队 账户 帮助

图 2-8 菜单栏

1）"文件"菜单：该菜单下的命令可以实现文件的基本操作，如新建、打开、另存为和打印等，如图 2-9 所示。

	新建	Ctrl+N
	打开...	Ctrl+O
	打开最近编辑的文件	▶
	保存	Ctrl+S
	另存为...	Ctrl+Shift+S
	从RP文件导入...	
	新建团队项目...(	
	打开团队项目...	
	导出团队项目到文件	
	纸张尺寸与设置...	
	打印...	Ctrl+P
	打印index...	
	导出index为图片...	
	导出所有页面为图片...	
	自动备份设置...	
	从备份中恢复...	
	退出	Alt+F4

图 2-9 "文件"菜单

2）"编辑"菜单：该菜单包含软件操作过程中常用的编辑命令，如复制、粘贴、全选和删除等，如图 2-10 所示。

3）"视图"菜单：该菜单包含与软件视图显示相关的所有命令，如工具栏、功能区和显示背景等，如图 2-11 所示。

图 2-10 "编辑"菜单

图 2-11 "视图"菜单

4)"项目"菜单：该菜单包含与项目有关的命令，如元件样式编辑、全局变量和项目设置等，如图 2-12 所示。

图 2-12 "项目"菜单

5）"布局"菜单：该菜单包含与页面布局有关的命令，如组合、对齐、分布和锁定等，如图 2-13 所示。

图 2-13 "布局"菜单

6）"发布"菜单：该菜单包含与原型发布有关的命令，如预览、预览选项和生成 HTML 文件等，如图 2-14 所示。

图 2-14 "发布"菜单

7）"团队"菜单：该菜单包含与团队协作相关的命令，如从当前文件创建团队项目、获取并打开团队项目等，如图 2-15 所示。

8）"账户"菜单：用户可以通过该菜单登录 Axure 的个人账户，获得 Axure 的专业服务，如图 2-16 所示。

9）"帮助"菜单：该菜单包含与帮助有关的命令，如在线培训教学和查找在线帮助等，如图 2-17 所示。

图 2-15 "团队"菜单

图 2-16 "账户"菜单

图 2-17 "帮助"菜单

（2）工具栏。

1）新建：单击即可完成一个新文档的创建，如图 2-18 所示。

图 2-18 新建

2）打开：单击即可选择一个文档打开，如图 2-19 所示。

图 2-19 打开

3）保存：单击即可将当前文档保存，如图 2-20 所示。

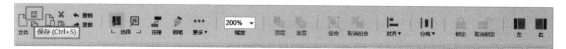

图 2-20 保存

4）复制：单击即可复制当前所选对象到剪贴板中，如图 2-21 所示。

图 2-21 复制

5）剪切：单击即可剪切当前所选对象，如图 2-22 所示。

图 2-22 剪切

6）粘贴：单击即可将剪贴板中的复制对象粘贴到页面中，如图 2-23 所示。

图 2-23 粘贴

7）撤销：单击即可撤销一步操作，如图 2-24 所示。

图 2-24 撤销

8）重做：单击即可再次执行前面的操作，如图 2 - 25 所示。

图 2 - 25　重做

9）选择：有两种选择模式，分别是相对选择和包含选择。在相对选择情况下，只要选取框与对象交叉即可选中对象；在包含选择情况下，只有选取框将对象全部包含时才能将其选中，如图 2 - 26 所示。

图 2 - 26　选择

10）连接：使用该工具可以将流程图元件连接起来，形成完整的流程图，如图 2 - 27 所示。

图 2 - 27　连接

11）钢笔：使用该工具可以绘制任意图形，如图 2 - 28 所示。

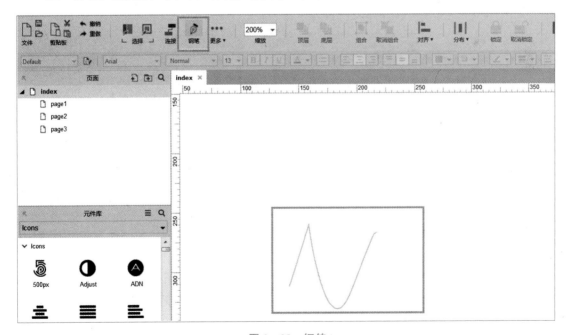

图 2 - 28　钢笔

12）边界点：使用钢笔工具绘制图形，或将元件转为自定义形状后，使用该工具可以完成对图形锚点的调整，获得更多的图形效果，如图 2 - 29 所示。

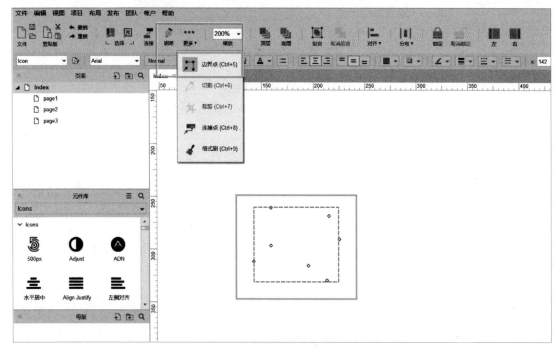

图 2 - 29　边界点

13）切割：使用该工具可以完成元件的切割操作，如图 2 - 30 所示。有切割、横切和竖切 3 种模式供用户选择。

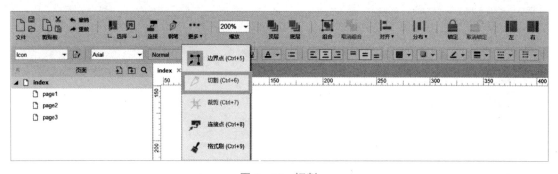

图 2 - 30　切割

14）裁剪：当选中对象为图像时，使用该工具可以完成图像的裁剪、剪切和复制操作，如图 2 - 31 所示。

15）连接点：使用该工具可以调整元件默认的连接位置，如图 2 - 32 所示。

16）格式刷：使用该工具可以快速地将设置好的样式指定给特定对象或全部对象，如图 2 - 33 所示。

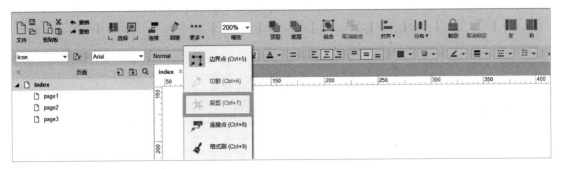

图 2 - 31　裁剪

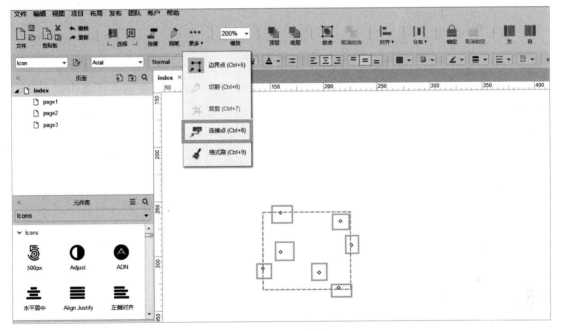

图 2 - 32　连接点

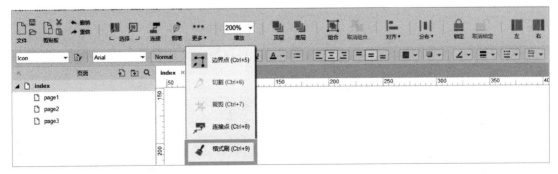

图 2 - 33　格式刷

17）缩放：在此下拉列表中，用户可以选择视图的缩放比例，便于查看不同尺寸的文件效果，如图 2 - 34 所示。

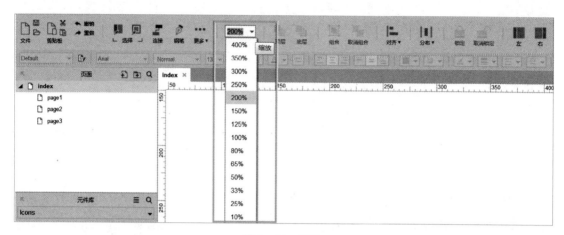

图 2 - 34　缩放

18）顶层：当页面中同时有 2 个以上元件时，可以通过单击该按钮，将选中的元件移动到其他元件顶部，如图 2 - 35 所示。

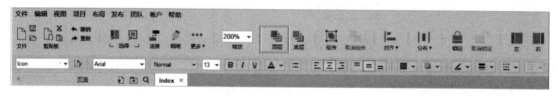

图 2 - 35　顶层

19）底层：当页面中同时有 2 个以上元件时，可以通过单击该按钮，将选中的元件移动到其他元件底部，如图 2 - 36 所示。

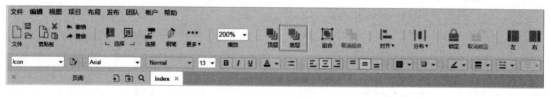

图 2 - 36　底层

20）组合：同时选中多个元件，单击该按钮，可以将多个元件组合成一个元件以参与制作，如图 2 - 37 所示。

图 2 - 37　组合

21）取消组合：单击该按钮可以取消组合操作，组合对象中的每一个元件将变回单个对象，如图 2-38 所示。

图 2-38　取消组合

22）对齐：同时选中 2 个以上对象，可以在该下拉选项中选择不同的对齐方式，如图 2-39 所示。

图 2-39　对齐

23）分布：同时选中 3 个以上对象，可以在该下拉选项中选择水平分布或垂直分布，如图 2-40 所示。

图 2-40　分布

24）锁定：单击该按钮，将锁定当前选中对象。锁定对象不再参与除选中以外的任何操作，如图 2-41 所示。

图 2-41　锁定

25）取消锁定：单击该按钮，将取消当前选中对象的锁定状态，如图 3-42 所示。

图 2-42　取消锁定

26）左：单击该按钮，将隐藏视图中的左侧面板。按组合键"Ctrl＋Alt＋［"可以快速隐藏视图左侧面板，如图 2-43 所示。

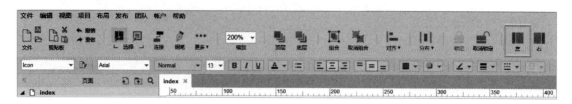

图 2-43　左

27）右：单击该按钮，将隐藏视图中的右侧面板。按组合键"Ctrl＋Alt＋］"可以快速隐藏视图右侧面板，如图 2-44 所示。

图 2-44　右

28）预览：单击该按钮，将自动生成 HTML 预览文件，如图 2-45 所示。

图 2-45　预览

29）共享：单击该按钮，将自动把项目发布到 Axure Share 上，获得一个 Axure 提供的地址，以便在不同设备上测试效果，如图 2-46 所示。

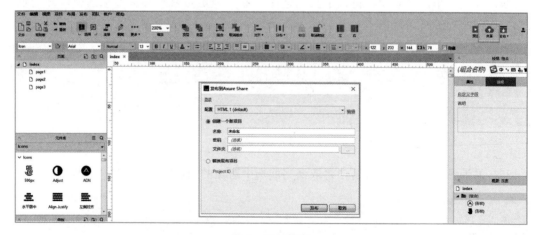

图 2-46　共享

30）发布：单击该按钮，将弹出与"发布"菜单相同的菜单，用户可根据需求选择命令，如图 2-47 所示。

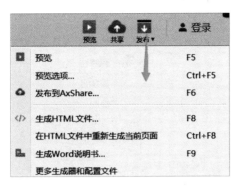

图 2-47　发布效果

31）登录：单击该按钮，将弹出"登录"对话框，如图 2-48 所示。用户可以输入邮箱和密码登录或者重新注册一个新账号。

图 2-48　登录效果

2. 导航面板

可通过该面板对所设计的页面（包括线框图和流程图）进行添加、删除、重命名和组织页面层次等操作，如图 2-49、图 2-50 所示。

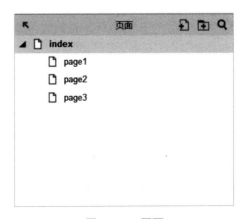

图 2-49　页面

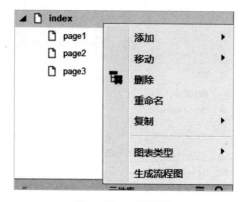

图 2-50　页面更改

3. 控件面板

该面板包含线框图控件和流程图控件，如图 2-51 所示；另外，还可以载入已有的元件库（*.rplib 文件）创建自己的元件库，如图 2-52 所示。

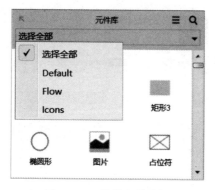

图 2-51　元件库的选择

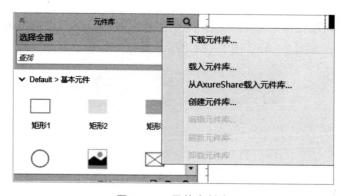

图 2-52　元件库创建

4. 模块面板

模块面板是一种可以复用的特殊页面，如图 2-53 所示。在该面板中可进行模块的添加、删除、重命名和组织模块分类层次等操作，如图 2-54 所示。

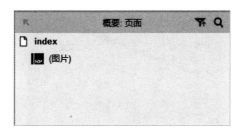

图 2－53　模块面板

图 2－54　模块应用

5. 线框图工作区

线框图工作区也叫页面工作区，如图 2－55 所示，该工作区是进行原型设计的主要区域，可以设计线框图、流程图、自定义部件、模块。

图 2-55　线框图工作区

6. 页面备注和交互

添加和管理页面的备注和交互，如图 2-56、图 2-57 所示。

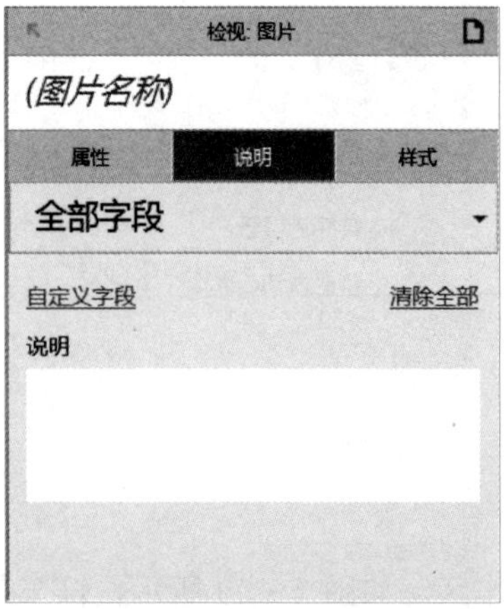

图 2-56　页面备注

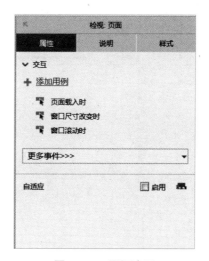

图 2 - 57　页面交互

7. 控件交互面板

可通过该面板定义控件的交互，如：链接、弹出、动态显示和隐藏等，如图 2 - 58、图 2 - 59 所示。

图 2 - 58　交互

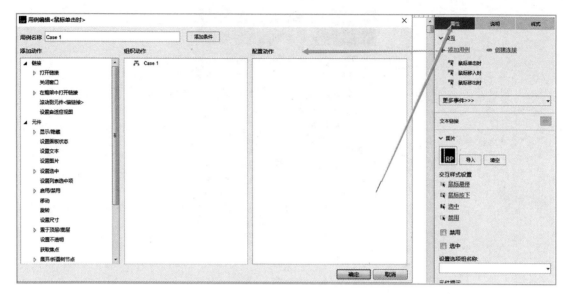

图 2-59　交互设置

8. 控件注释面板

可通过该面板对控件的功能进行注释说明，如图 2-60 所示。

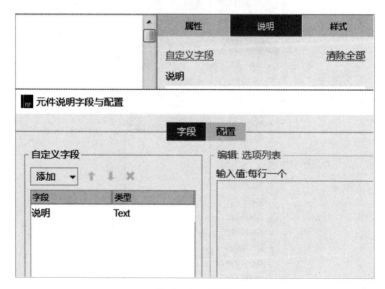

图 2-60　注释

2.2　界面功能

2.2.1　导航面板

在绘制线框图或流程图之前，应该考虑好界面框架，确定信息内容与层级。明确界面框架后，接下来就可以利用页面导航面板来定义所要设计的页面。

1. 页面的添加、删除和重命名

通过选择"添加""删除""重命名"等命令可对页面进行相应操作，如图 2 - 61 所示。

图 2 - 61　页面功能

2. 页面组织排序

在页面导航面板中，通过拖拉页面或单击工具栏上的"移动"按钮，可以上下移动页面的位置或重新组织页面的层次，如图 2 - 62 所示。在页面导航面板中，双击某页面将会在线框面板中打开该页面以进行线框图设计。

图 2 - 62　页面移动

2.2.2　控件

控件用于设计线框图的用户界面元素。控件面板中包含常用的控件，如按钮、图片、文本框等，如图 2 - 63 所示。

1. 添加控件

从控件面板中拖动一个控件到线框图面板中，就可以添加一个控件，如图 2 - 64 所示。还可以从一个线框图中复制（Ctrl＋C）控件，然后粘贴（Ctrl＋V）到另外一个线框图中。

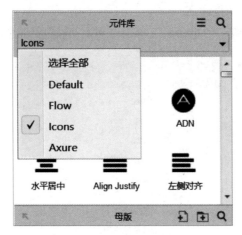

图 2-63　控件

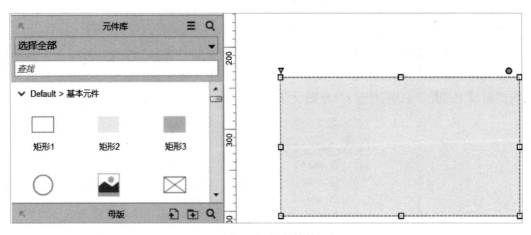

图 2-64　添加控件

2. 操作控件

添加控件后，在线框图中选中该控件，便可移动控件和改变控件的大小，还可以一次对多个控件进行选择、移动、改变尺寸。另外，还可以组合、排序、对齐、分配和锁定控件，如图 2-65 所示。这些操作可通过控件右键菜单进行，也可通过 Object 工具栏上的按钮进行。

3. 编辑控件的风格和属性

有多种方法可以编辑控件的风格和属性：

鼠标双击：双击某个控件，可以对控件的最常用属性进行编辑。例如，双击一个图片控件可以导入一张图片；双击一个下拉列表或列表框控件可以编辑列表项。

工具栏：单击工具栏上的按钮可编辑控件的文本字体、背景色、边框等。

右键菜单：通过控件右键菜单可编辑控件的一些特定属性，不同控件的属性也不同，如图 2-66 所示。

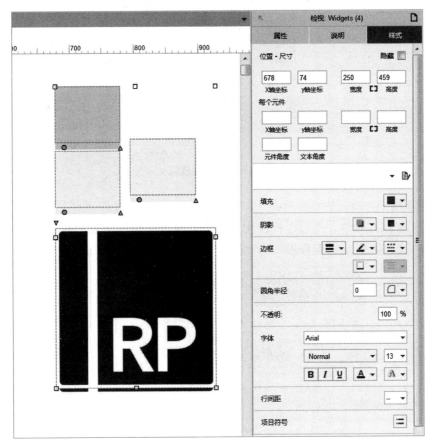

图 2 - 65　控件调整

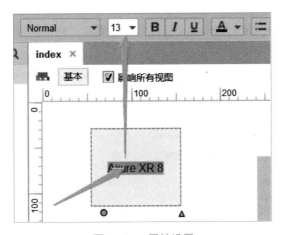

图 2 - 66　属性设置

2.2.3　注释

可以为控件添加注释，以说明控件的功能，如图 2 - 67 所示。

图 2-67　添加注释

1. 添加注释

在线框图中选择控件，然后在控件注释和交互面板中编辑字段中的值，即可为控件添加注释，如图 2-68 所示。面板顶部的"说明"字段用于为控件添加一个标识符。

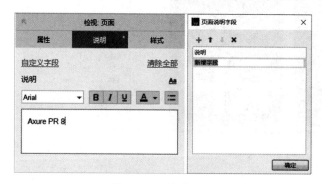

图 2-68　控件注释

2. 自定义字段（Fields）

在"元件说明字段与配置"对话框中可以添加、删除、修改、排序注释字段，如图 2-69 所示。

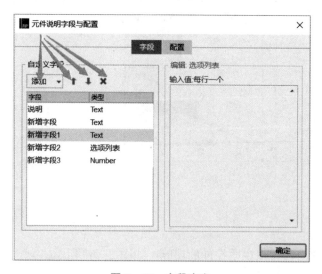

图 2-69　字段定义

3. 脚注

在控件上添加注释后，控件的右上角会显示一个黄色方块，称为脚注。

2.2.4 页面备注

添加页面备注可对页面进行描述和说明。

1. 添加页面备注

在线框图下面的面板中可以添加页面备注内容，如图 2−70 所示。

图 2−70 页面面板

2. 管理页面备注

通过自定义页面备注功能，可以为不同的人提供备注，以满足不同需要。比如可以新增"测试用例""操作说明"等不同类别的页面备注，如图 2−71 所示。

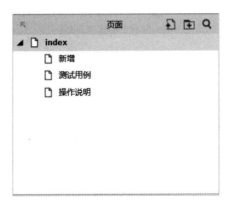

图 2−71 页面备注

2.3 交互设计

2.3.1 控件的交互

控件交互面板用于定义线框图中控件的行为，包含定义简单的链接和复杂的 RIA 行为，所定义的交互都可以在将来生成的原型中进行操作。

可以定义的控件的交互包括事件（Events）、场景（Cases）和动作（Actions）。用户操作界面时就会触发事件，如鼠标的 OnClick、OnMouseEnter 和 OnMouseOut；每个事件可以包含多个场景，场景就是事件触发后要满足的条件；每个场景可执行多个动作，例如：
打开链接、显示面板、隐藏面板、移动面板，如图 2-72 所示。

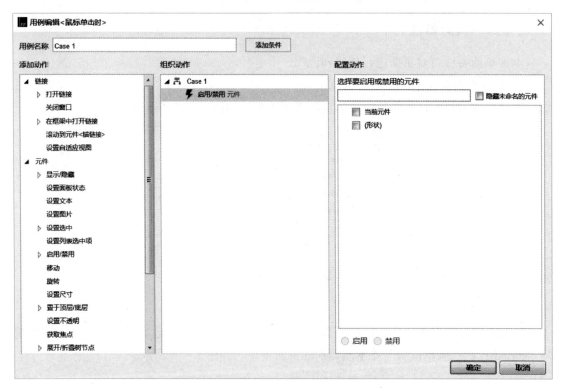

图 2-72　控件的交互

2.3.2　定义链接

下列步骤说明如何在按钮控件上定义一个链接：

（1）拖动一个按钮控件到线框图中，并选择这个按钮，如图 2-73 所示。

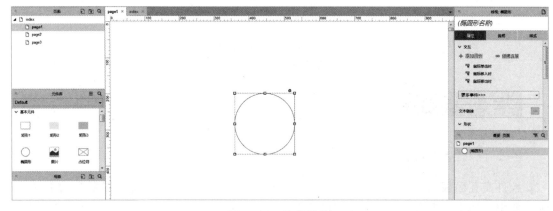

图 2-73　选择控件

（2）在控件交互面板中双击"鼠标单击时"事件，在弹出的对话框中选择要执行的动作。

（3）勾选"在当前窗口打开一个页面"动作。

（4）单击"链接"，在弹出的链接属性对话框中选择要链接的页面或其他网页地址。

2.3.3　设置动作

除了简单的链接之外，Axure 还提供了许多丰富的动作，这些动作可以在任何触发事件的场景中执行。

以下是 Axure 所支持的动作：

（1）Open Link in Current Window：在当前窗口打开一个页面。

（2）Open Link in Popup Window：在弹出的窗口中打开一个页面。

（3）Open Link in Parent Window：在父窗口中打开一个页面。

（4）Close Current Window：关闭当前窗口。

（5）Open Link in Frame：在框架中打开一个页面。

（6）Set Panel state（s）to State（s）：为动态面板设定要显示的状态。

（7）Show Panel（s）：显示动态面板。

（8）Hide Panel（s）：隐藏动态面板。

（9）Toggle Visibility for Panel（s）：切换动态面板的显示状态（显示/隐藏）。

（10）Move Panel（s）：根据绝对坐标或相对坐标来移动动态面板。

（11）Set Variable and Widget value（s）equal to Value（s）：设定变量值或控件值。

（12）Open Link in Parent Frame：在父页面的嵌框架中打开一个页面。

（13）Scroll to Image Map Region：滚动页面到指定位置。

（14）Image Map：所在位置。

（15）Enable Widget（s）：把对象状态变成可用状态。

（16）Disable Widget（s）：把对象状态变成不可用状态。

（17）Wait Time（s）：等待多少毫秒（ms）后再进行这个动作。

（18）Other：显示动作的文字说明。

2.3.4　多个场景

一个触发事件可以包含多个场景，根据条件执行流程或互动。

2.3.5　事件

Axure 支持一个页面层级的触发事件——OnPageLoad，这个事件在原型载入页面时触发。

页面 OnPageLoad 事件在页面备注面板中的交互子面板中定义，OnPageLoad 为事件添加场景的方式与控件事件相同。

2.4　Axure RP 8的安装、汉化与注册

2.4.1　Axure 的下载

可从 Axure 官方网站下载，地址为 http：//www.axure.com.cn。

2.4.2　安装环境要求

1. Windows 版环境要求

- Windows XP，Windows 2003 Server，Windows Vista，Windows 7，Windows 8，Windows 10.
- 2 GB RAM（4 GB recommended）.
- 1 GHz processor.
- 5 GB disk space.
- For Word documentation，Microsoft Office Word 2000，Word XP，Word 2003，Word 2007，Word 2010，Word 2013.
- For prototypes，IE/Edge，Firefox，Safari，Chrome.

2. MAC 版环境要求

- Mac computer with Intel processor.
- Mac OS X 10.6+.
- 2 GB RAM（4 GB recommended）.
- 5 GB disk space.
- For Word documentation，Microsoft Office Word 2004（with compatibility pack），Word 2008，Word 2011.
- For prototypes，Firefox，Safari，Chrome.

注意：

XP 系统需要升级到 SP3 才可以安装。

安装程序会自动检测电脑上是否安装了 Framework 4，如果没有，则会自动安装，然后再安装 Axure。

2.4.3　Axure 的安装

下面介绍 Windows 下的 Axure RP 安装。

步骤1：双击 Axure 安装文件，如图 2-74 所示。

步骤2：弹出 Axure 安装界面，不做任何修改，直接单击"Next"按钮，如图 2-75 所示。

步骤3：进入"License Agreement（许可协议）"对话框，勾选"I Agree"选项，单击"Next"按钮，如图 2-76 所示。

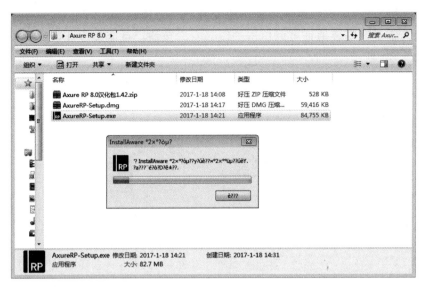

图 2 – 74　安装文件

图 2 – 75　"Next"操作

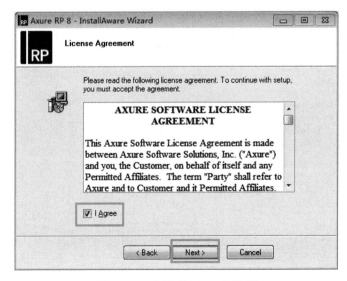

图 2 – 76　勾选"I Agree"选项

步骤 4：设置 Axure 安装地址，默认地址为 "C：\ Program Files（x86）\ Axure\ Axure RP 8"，若需更改安装地址可以单击 "Browse" 按钮，自定义地址，然后单击 "Next" 按钮，如图 2－77 所示。

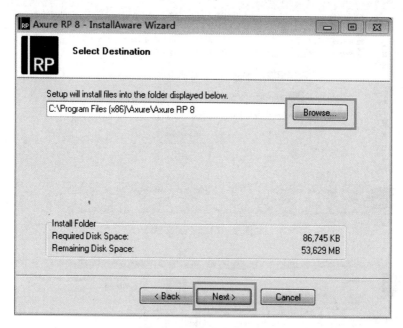

图 2－77　修改安装地址

步骤 5：进入 "Program Shortcuts（程序快捷方式）" 对话框，单击 "Next" 按钮，如图 2－78 所示。

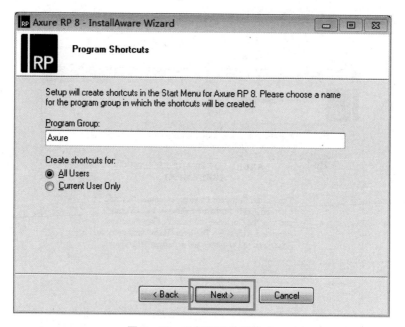

图 2－78　设备程序快捷方式

步骤6：确认安装，单击"Next"按钮，如图2-79所示。

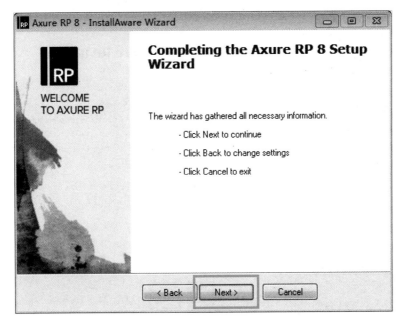

图 2-79　确认安装

步骤7：进入"Updating Your System（升级你的系统）"对话框，开始软件安装，如图2-80所示。

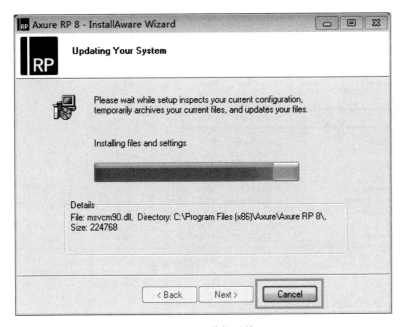

图 2-80　升级系统

步骤 8：安装结束，单击"Finish"按钮，如图 2-81 所示。

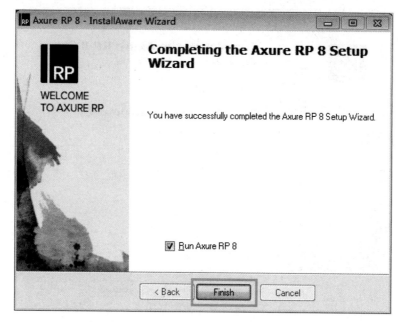

图 2-81　安装结束

2.4.4　Axure 的汉化

关闭 Axure，将解压缩后的 lang 文件夹复制到软件的安装目录下（默认地址为"C：\ Program Files（x86）\ Axure\ Axure RP 8"），如图 2-82 所示，重启软件即可。

名称	修改日期	类型	大小
DefaultSettings	2016/3/7 19:24	文件夹	
Fonts	2016/3/7 19:24	文件夹	
iconv	2016/3/7 19:24	文件夹	
lang	2016/1/25 9:54	文件夹	
Legacy	2016/3/7 19:24	文件夹	
WordTemplates	2016/3/7 19:24	文件夹	
App.ico	2015/11/20 7:02	图标	145 KB
AxDoc.dll	2015/11/20 7:07	应用程序扩展	95 KB
AxureRP.exe	2015/11/20 7:07	应用程序	170 KB
AxureRP.exe.config	2015/11/20 7:02	CONFIG 文件	1 KB
AxureRP.exe.manifest	2015/10/27 8:36	MANIFEST 文件	1 KB
AxureTemplate.dot	2015/6/3 5:10	Microsoft Office...	24 KB
Client.dll	2015/11/20 7:07	应用程序扩展	2,491 KB
Client.Win32.dll	2015/11/20 7:07	应用程序扩展	774 KB

图 2-82　复制文件夹

2.4.5　Axure 的注册

选择"帮助"菜单中的"管理授权"选项，打开"管理您的授权"对话框，如图 2-83 所示，把用户名和序列号分别复制到"被授权人"和"授权密码"栏，单击"提交"按钮即可。

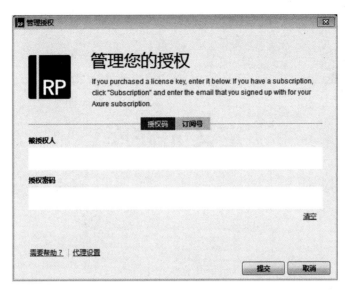

图 2 – 83　授权

2.4.6　Axure 的卸载

Axure 软件的卸载途径有多种，可通过控制面板、360 软件管家等卸载。

项目小结

　　Axure RP 8.0 是一个专业的快速原型设计工具，其可视化工作界面可以让使用者轻松快捷地以鼠标拖曳的方式创建应用软件或 Web 网站的线框图、流程图、原型页面，进行交互体验设计，标注详细开发说明，不用编程就可以在线框图上定义简单连接和高级交互，并支持在线框图的基础上自动生成 HTML（标准通用标记语言下的一个应用）原型和Word 格式的规格说明书，通过扩展还会支持更多的输出格式。

思考与练习

　　1. 独立完成 Axure RP 8 的安装、汉化和注册。验收标准：安装的 Axure RP 8 已汉化并可以使用。
　　2. 熟悉 Axure RP 8 的界面。

定义元件库

学习目标

1. 掌握元件库的创建方法。
2. 掌握元件库的设置方法。
3. 掌握元件库的基本操作方法。

3.1 创建元件库

3.1.1 元件库窗口

元件库窗口即位于软件界面左侧的第 2 个功能模块，如图 3-1 所示，这个模块用于对所有元件进行管理。

进行原型页面制作时，只需要在元件上按住鼠标左键，然后拖动到主编辑区松开，即可将元件摆放在指定的位置上。

页面的内容就是由一个一个元件组成的，所以说，网页的内容通常都能通过元件的组合搭配模拟出来。

"元件库列表"用于选择元件库，能够帮助我们方便地切换元件库或者显示全部的元件库，如图 3-2 所示。

软件本身自带了 3 个元件库：默认元件库（Default）、流程图元件库（Flow）、图标元件库（Icons）。

"选项"菜单用于管理元件库，如图 3-3 所示，既可以方便地载入和卸载元件库，也可以创建和编辑自定义元件库。

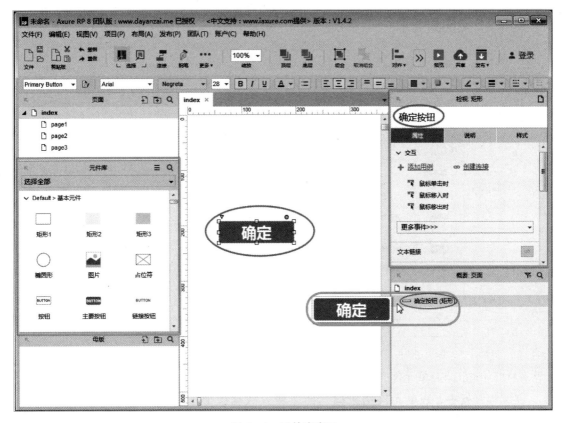

图 3 - 1　元件库窗口

图 3 - 2　选择元件库

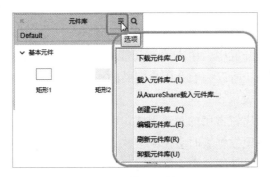

图 3 - 3　管理元件库

3.1.2 元件的类别

1. 类别

（1）Default＞基本元件。

基本元件是组成各类原型的基本元素，如图 3-4 所示。

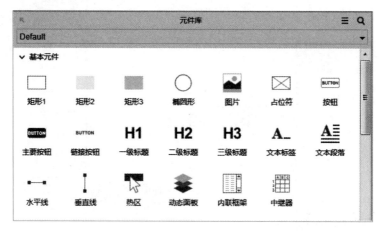

图 3-4 基本元件

（2）Default＞表单元件。

在编程开发中，表单元件用于向页面中输入数据以形成表单，并提交到服务器，如图 3-5 所示。

图 3-5 表单元件

- 文本框和多行文本框：用于输入文字。
- 下拉列表框和列表框：用于输入不同的选项。
- 复选框和单选按钮：分别用于多选和单选的输入。
- 提交按钮：在编程开发中，单击该按钮能够完成表单的提交动作，但是在原型制作中不涉及与服务器的交互，所以一般会用自定义的形状按钮或图片按钮来代替它。

（3）Default＞菜单和表格。

- 树：该菜单是一种比较常用的菜单形式，经常用于制作网站后台的功能列表。
- 表格：在页面中呈现数据表时会用到表格，但是 Axure 的表格不支持合并单元格的操作，遇到这种需求时，通常用一个矩形进行遮盖，达到看似合并的效果。
- 水平菜单和垂直菜单：用于制作网站导航栏或者分类标签等，如图 3-6 所示。

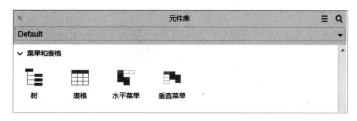

图 3-6　菜单和表格

（4）Default＞标记元件。

标记元件主要用于在完成的原型上标记说明，如图 3-7 所示。

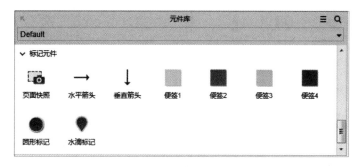

图 3-7　标记元件

双击标记元件可以为其添加文字。

选中标记元件，可以在工具栏上修改其填充颜色、线框颜色、线框粗细、线框样式、阴影样式等。

（5）Flow。

该类元件用于绘制流程图。一般来说，不同形状的流程图元件代表不同的意义。

例如，矩形用作执行框，圆角矩形用作开始或结束标记，斜角矩形用作数据框，括弧用于注释或说明，半圆形用作页面跳转或流程跳转的标记，三角形控制传递，梯形代表手工操作，如图 3-8 所示。

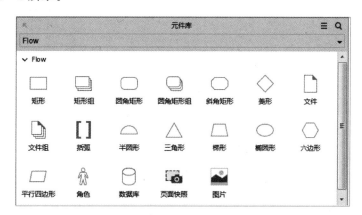

图 3-8　Flow

（6）Icons。

这是 Axure RP 8 提供的基于形状的 Font Awesome 图标元件库，可以直接拖曳使用，无须进行字体安装、Web 字体设置，也不用担心浏览原型时图标不能正常显示，如图 3-9 所示。

图 3-9　Icons

2. 检视：[元件]

以"检视：矩形"为例。

（1）元件的名称。

检视：矩形模块中的第一项是元件名称的编辑框，如图 3-10 所示。为元件添加名称有助于我们准确、方便地选取元件。

图 3-10　元件名称

（2）元件属性。

元件属性模块用于给当前元件添加交互事件，如图3-11所示。

图3-11　添加交互

"添加用例"功能用于在单击下方任意一个触发事件后添加用例并打开用例编辑窗口；"创建连接"功能用于设置元件被单击后跳转到当前项目的其他页面。

（3）元件说明。

元件说明模块用于给元件添加注释说明，如图3-12所示。例如，在绘制带有输入框的原型时，需要为输入框设置输入限制，如不能包含特殊字段等。因为在原型上实现复杂的验证不方便，所以可通过这种方式来说明验证要求，如图3-13所示。

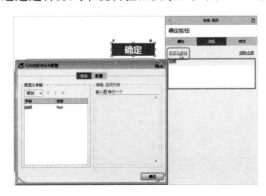

图3-12　元件说明

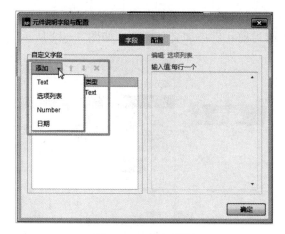

图 3-13 添加说明

（4）元件样式。

元件样式模块用于给当前元件设置相应的样式，可以使原型更加生动、形象，如图 3-14 所示。

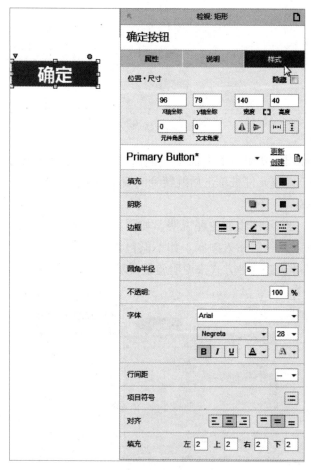

图 3-14 元件样式

3.1.3 创建元件库

（1）在元件库面板的"选项"菜单中选择"创建元件库"，如图3-15所示。

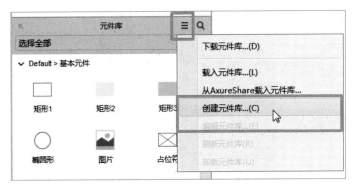

图3-15 创建元件库

（2）在弹出的"保存Axure RP元件库"的对话框中，选择一个用于保存元件库的位置，并输入自定义的元件库名称，如图3-16所示。注意元件库文件的图标和后缀名样式。

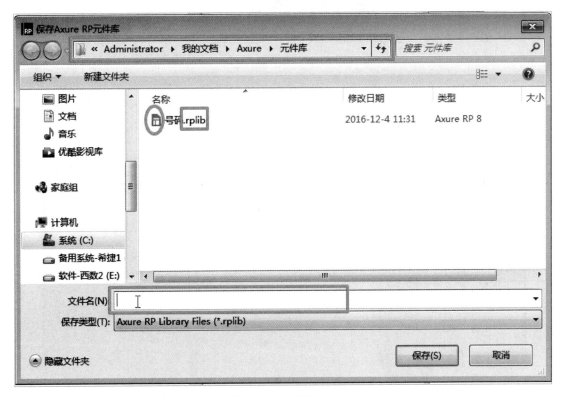

图3-16 设置文件名

（3）单击"保存"按钮后会打开元件库编辑器，如图3-17所示。

（4）元件库编辑器与原型的编辑页面大同小异。不同之处在于站点地图变成了元件库的管理模块，页面功能设置变成了对元件属性和说明的设置，如图3-18所示。

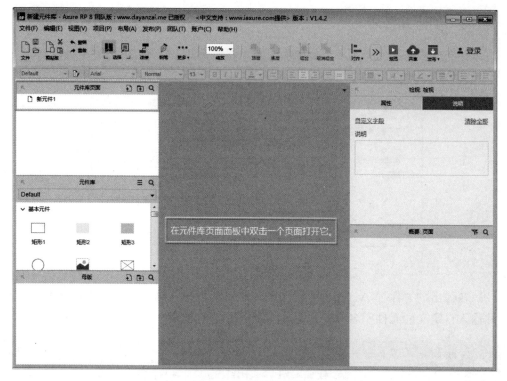

图 3 - 17　元件库编辑器

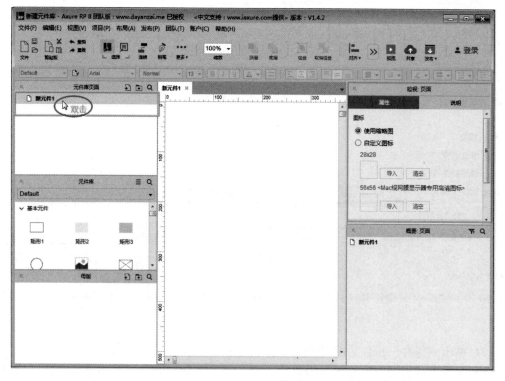

图 3 - 18　元件编辑状态

3.2 设置元件库

（1）设置元件名称，如图 3-19 所示。

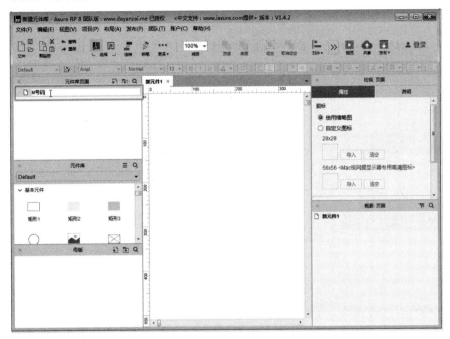

图 3-19　设置元件名称

（2）编辑元件组成内容，调整属性及样式，如图 3-20 所示。

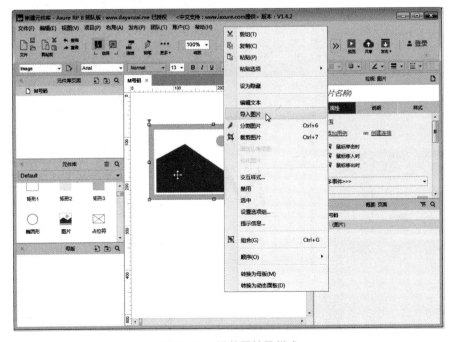

图 3-20　调整属性及样式

（3）添加元件交互样式，如图 3 - 21 所示。

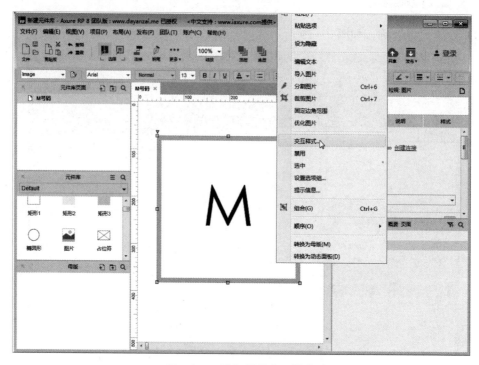

图 3 - 21　添加元件交互样式

1）单击"更多事件＞＞＞"，如图 3 - 22 所示。

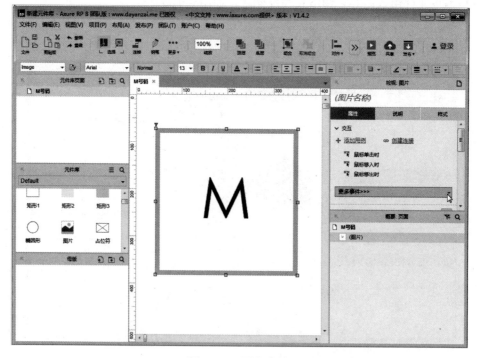

图 3 - 22　更多事件

2）设置鼠标悬停时导入图片，如图 3-23 所示。

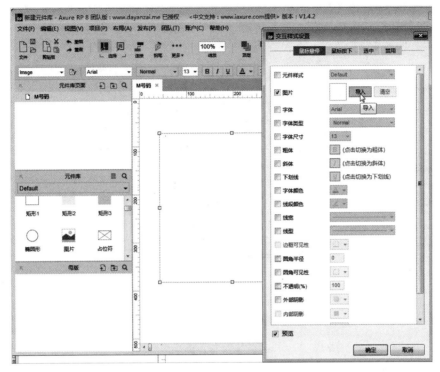

图 3-23　导入图片

确定导入，如图 3-24 所示。

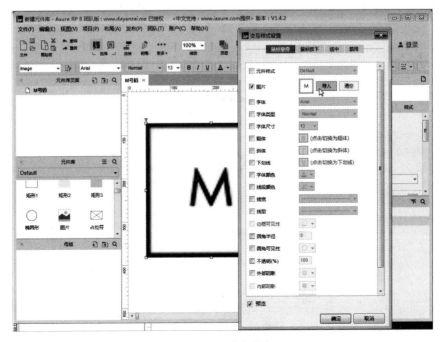

图 3-24　确定导入

3）设置鼠标选中时导入图片，如图 3 - 25 所示。

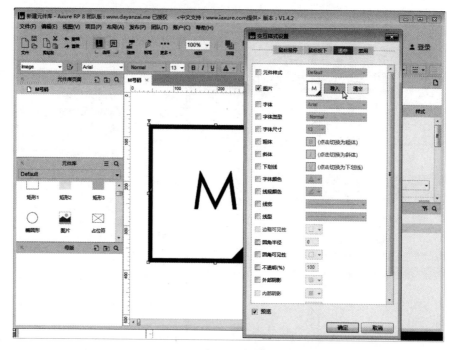

图 3 - 25　选择图片

4）确定导入，如图 3 - 26 所示。

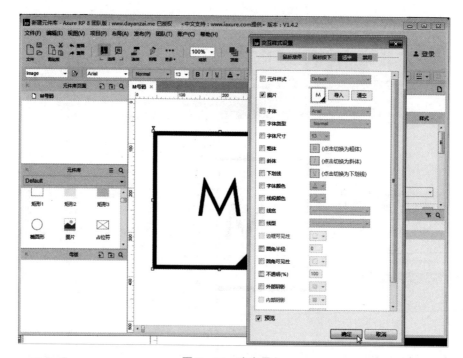

图 3 - 26　确定导入

5）选择"鼠标单击时"，添加元件交互样式，如图 3 - 27 所示。

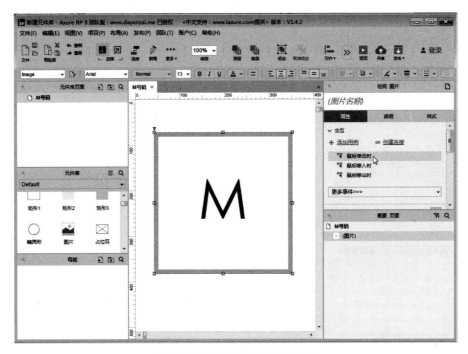

图 3 - 27 选择"鼠标单击时"

6）设置添加图片条件，如图 3 - 28 所示。

图 3 - 28 设置添加图片条件

（4）设置元件图标和提示信息，如图 3-29 所示。

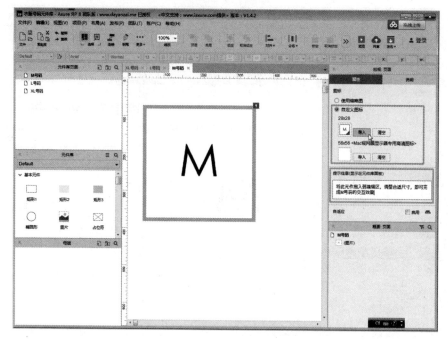

图 3-29　设置元件图标和提示信息

（5）按照上面的步骤可以为元件库添加多个元件，无论是复杂的模块还是简单的图标都可以作为元件，如图 3-30 所示。当完成所有元件的编辑后按组合键"Ctrl＋S"或选择"保存"选项保存到元件库，如图 3-31 所示，然后关闭元件库编辑器。

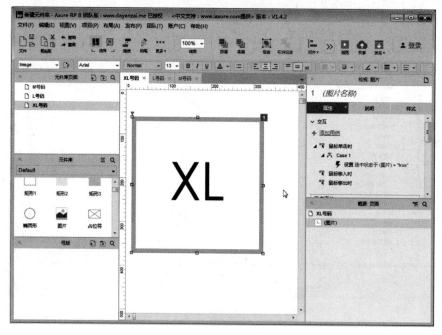

图 3-30　添加元件

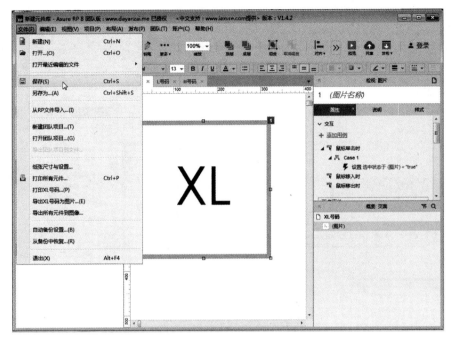

图 3 - 31　保存

3.3　使用元件库

（1）返回原型编辑器，在元件库面板的"选项"菜单中，选择"刷新元件库"，如图 3 - 32 所示。做好的元件就会在元件列表中显示出来，效果如图 3 - 33 所示。

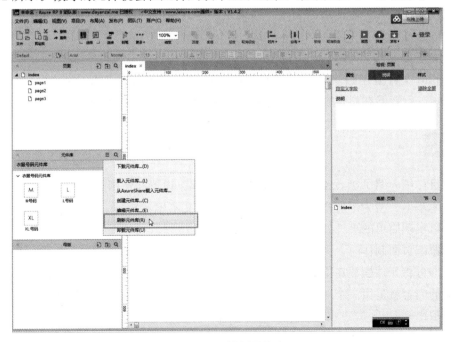

图 3 - 32　刷新元件库

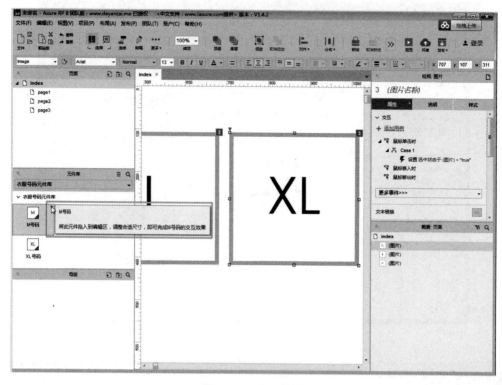

图 3 - 33　交互效果

（2）除了可以自己创建元件库，还可以导入他人制作的元件库。

（3）自定义元件库可以通过元件库面板的"选项"菜单中的"载入元件库"命令载入，也可以通过"卸载元件库"命令删除。如果元件库的内容需要修改，可以选择"编辑元件库"命令进行操作。

（4）除了可载入元件库，还可以通过复制的方式将自定义元件库添加到元件库的列表中。把 .rplib 文件复制到 Axure 安装目录的 \ DefaultSettings \ Libraries 文件夹中，重新打开 Axure，就能够在列表中看到这个元件库的名称并可进行选择和使用了。

项目小结

本项目详细介绍了 Axure RP 8 的元件库的创建、设置和使用方法。

元件库基本类型为矩形框、文本标签、图标、文本输入框等，通过设置元件的交互样式，就可以实现简单的事件处理。

进行原型页面制作时，只需要用鼠标左键点住元件库里面的元件，然后拖动到主编辑区松开，即可将元件摆放在指定的位置上。

页面的内容就是由一个一个元件组成的，所以说，网页的内容通常都能通过元件的组合搭配模拟出来。

思考与练习

用户除了可以直接使用 Axure RP 8 自带的 3 个元件库，还可以通过下载元件库、编辑元件库等操作丰富元件库资源。

1. 下载元件库

在元件库面板的"选项"菜单中选择"下载元件库"，即可从 Axure 官方主页上下载元件库，如图 3 - 34 所示。

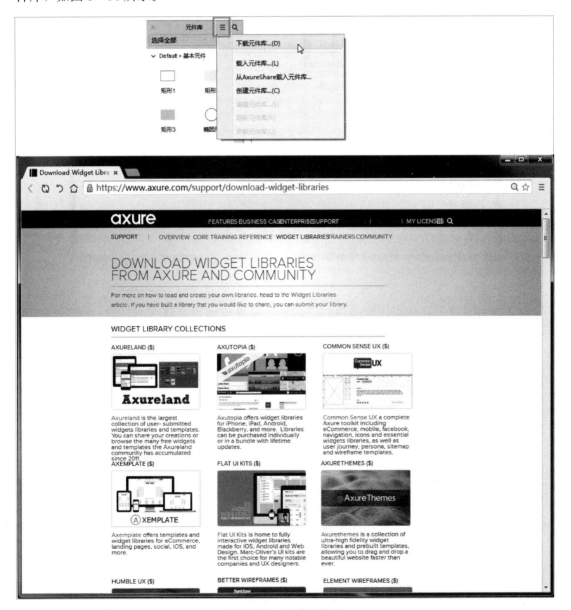

图 3 - 34　下载元件库

用户也可以直接搜索元件库下载资源，下载后的元件库文件格式为 .rplib，如图 3 - 35

所示。

图 3 - 35　元件库文件

下载了元件库后，在元件库面板的"选项"菜单中选择"载入元件库"，如图 3 - 36 所示。

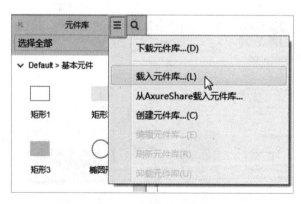

图 3 - 36　载入元件库

在弹出的"打开"对话框中选择下载的元件库文件，单击"打开"按钮，如图 3 - 37 所示，即可在元件库面板中看到载入的元件库，"刷新元件库"后，在元件库下拉选项中也可找到载入的元件库，如图 3 - 38 所示。

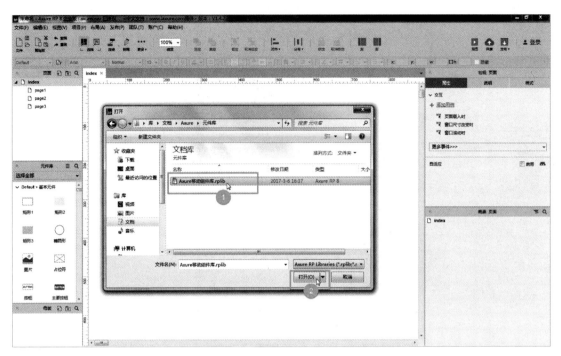

图 3 - 37 选择元件库文件

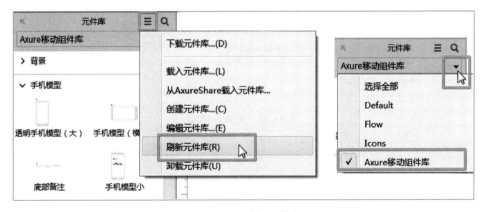

图 3 - 38 刷新元件库

2. 编辑元件库

在元件库下拉列表中选中一个已创建或下载的元件库，再选择"选项"菜单中的"编辑元件库"，即可启动元件库编辑窗口，如图 3 - 39 所示。编辑完成后将文件保存，选择"选项"菜单中的"刷新元件库"，刚才编辑的元件即可显示出来。

3. 卸载元件库

在元件库下拉列表中选中一个已创建或下载的元件库。再选择"选项"菜单中的"卸载元件库"，即可卸载该元件库，如图 3 - 40 所示。

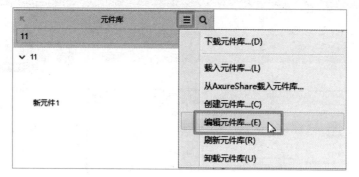

图 3 - 39　编辑元件库

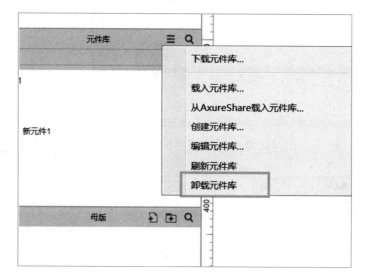

图 3 - 40　卸载元件库

条件判断和流程图绘制

学习目标

1. 了解流程图元件的样式及意义。
2. 掌握条件判断指令的意义。
3. 了解流程图实例的编制原理。

4.1 流程图元件

4.1.1 流程图

产品设计，通常从流程图做起，借助流程图来表达产品各式各样的流程。在 Axure RP 8 中，运用矩形、圆角矩形、菱形等元件即可绘制出简单、实用的流程图。

通常，流程图中的图形元件需要用线段或箭头连接，这样才能清晰地展示一个有序的流程结构。在图形元件的蓝色边界点上单击，连接点会变红，按下鼠标左键不放，拖动到另外一个图形元件的边界点上，当该边界点变红时松开鼠标，即可完成连接，如图 4 - 1 所示。连接线的样式可以在快捷功能区中进行更改。

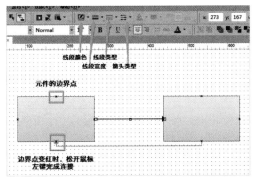

图 4 - 1　流程图

4.1.2 流程图元件的样式及意义

流程图元件的样式及意义见表 4-1。

表 4-1 流程图元件的样式及其意义

样式	意义	样式	意义
	图片：表示一张图片		三角形：表示数据的传递
	矩形：一般用来表示执行		梯形：表示手动操作
	圆角矩形：表示程序的开始或者结束		椭圆形：表示流程的结束
	斜角矩形：不太常用，可以自定义		六边形：表示准备或起始
	菱形：表示判断		平行四边形：表示数据的处理或输入
	文件：表示一个文件		角色：模拟流程中执行操作的角色
	括弧：注释或者说明		数据库：表示保存数据的数据库
	半圆形：表示页面跳转的标记		

4.2 条件判断及流程图实例

If 的含义是"如果"；Else 的含义是"否则"；True 的含义是"真"，其组合应用后的意义见表 4-2。

表 4-2 条件判断指令的意义

名称	意义
If	If 单独出现时，表示如果满足什么样的条件，就执行什么动作
Else If	Else If 会在 If 所在用例之后的用例中出现，表示否则当满足另一个条件时，会执行什么动作
Else If True	Else If True 会在一组条件判断的全部用例的最后一个用例中出现，表示如果前面所列举的条件都未满足的时候，执行什么样的动作
If True	If True 表示无条件执行动作，它只会在多组条件中出现

4.2.1 单组条件判断

表 4-3 所列是在 Axure 原型制作中经常使用到的 4 种比较基本的条件判断结构，对于类型 C 和类型 D，都可以在结构中继续添加 Else IF<条件>来增加判断条件，完成更多种条件的判断。

表 4-3 4 种基本的条件判断

类型	条件	意义
类型 A	If<条件>〔动作 1，动作 2……〕	这种类型只有一个 If，满足这个条件时执行相应的动作。如果不满足条件则不执行动作
类型 B	If<条件>〔动作 1，动作 2……〕 Else If True〔动作 1，动作 2……〕	这种类型相当于在类型 A 的 If 用例后面又添加了一个用例，这时软件会自动把这个用例的条件设置为 Else If True。这样的结构就是如果满足 If 中设立的条件就会执行 If 中的动作，否则对于所有不满足 If 条件的情况就执行 Else If True
类型 C	If<条件>〔动作 1，动作 2……〕 Else If <条件>〔动作 1，动作 2……〕	这种类型相当于给类型 B 的第二个用例添加了一个条件，在第一个用例的条件不成立时，会根据第二个用例设置的条件进行判断，如果成立，执行第二个用例的动作，否则不执行任何动作
类型 D	If<条件>〔动作 1，动作 2……〕 Else If <条件>〔动作 1，动作 2……〕 Else If True〔动作 1，动作 2……〕	这种类型是有多个可判断的条件，由上至下进行判断，只要被判断的条件符合，则执行该条件的动作，并结束判断的过程。否则，继续执行下一判断，当全部可判断条件均不符合时，执行 Else IF True 的动作

类型 A 的条件如图 4-2 所示。

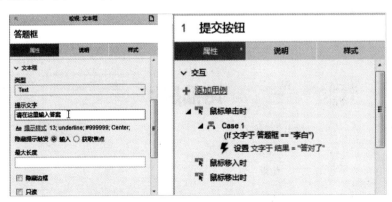

图 4-2 单组条件判断——类型 A 的条件

类型 A 的实例如图 4-3 所示。

图 4-3　单组条件判断——类型 A 的实例

类型 B 的条件如图 4-4 所示。

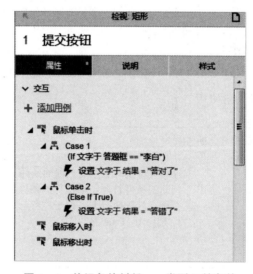

图 4-4　单组条件判断——类型 B 的条件

类型 B 的实例如图 4-5 所示。

图 4-5　单组条件判断——类型 B 的实例

类型 C 的条件如图 4-6 所示。

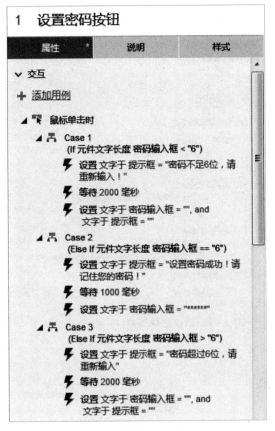

图 4-6　单组条件判断——类型 C 的条件

类型 C 的实例如图 4-7 所示。

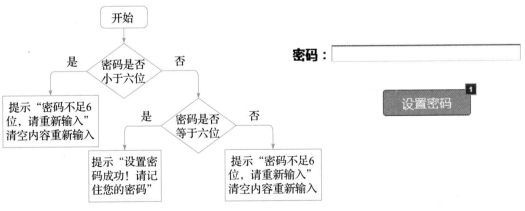

图 4-7　单组条件判断——类型 C 的实例

类型 D 的条件如图 4-8 所示。

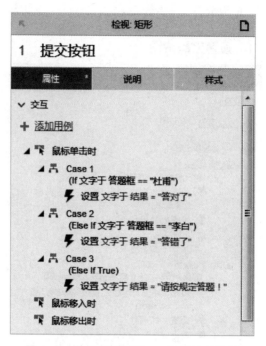

图 4-8 单组条件判断——类型 D 的条件

类型 D 的实例如图 4-9 所示。

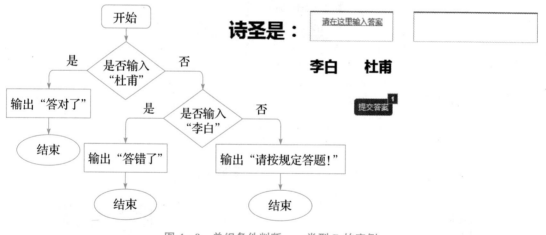

图 4-9 单组条件判断——类型 D 的实例

4.2.2 多组条件判断

多组条件判断是由多个单组条件判断组成的。每一个单组条件判断中第一个满足条件的用例都会被执行（Else If True 是最后一个满足条件的用例），没有符合条件的则不会被执行。所以多组条件判断的结构中都会有 $0\sim N$ 个用例被执行，N 小于条件判断结构中组的数量。多组条件判断语句及其意义见表 4-4。

表 4-4　多组条件判断语句及其意义

类型	条件	意义
类型 A	IF<条件>〔动作 1，动作 2……〕 IF<条件>〔动作 1，动作 2……〕	这种类型通常用于在同一个用例中，有多种不同的条件分别被满足时都需要执行相应的动作
类型 B	IF<条件>〔动作 1，动作 2……〕 IF<条件>〔动作 1，动作 2……〕 If True〔动作 1，动作 2……〕	这是一种比较特殊的多组条件判断，我们能够看到最后一组条件判断只有 IF True，并没有其他条件，这种情况是指无条件执行该用例中的动作。值得注意的是，IF True 只在多组条件判断中出现
类型 C	IF<条件>〔动作 1，动作 2……〕 IF<条件>〔动作 1，动作 2……〕 Else If <条件>〔动作 1，动作 2……〕	

类型 A 的条件如图 4-10 所示。

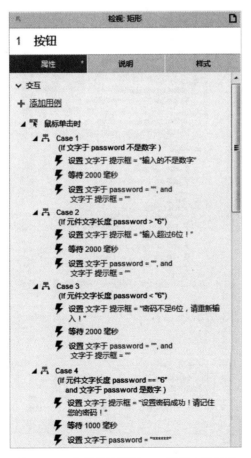

图 4-10　多组条件判断——类型 A 的条件

类型 A 的实例如图 4 – 11 所示。

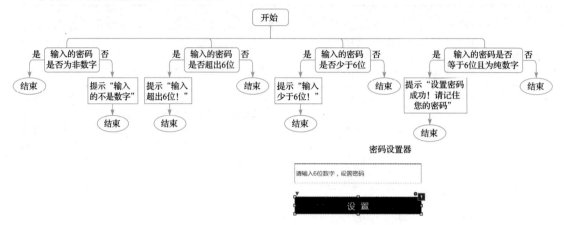

图 4 – 11　多组条件判断——类型 A 的实例

类型 B 的条件如图 4 – 12 所示。

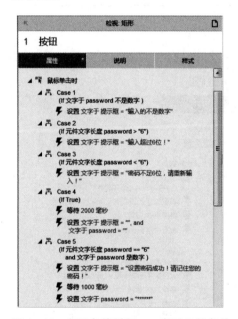

图 4 – 12　多组条件判断——类型 B 的条件

类型 B 的实例如图 4 – 13 所示。

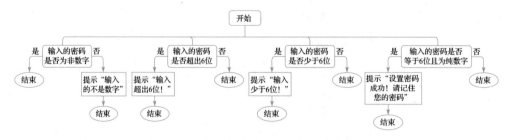

图 4 – 13　多组条件判断——类型 B 的实例

类型 C 的条件如图 4 - 14 所示。

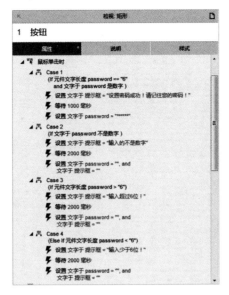

图 4 - 14   多组条件判断——类型 C 的条件

类型 C 的实例如图 4 - 15 所示。

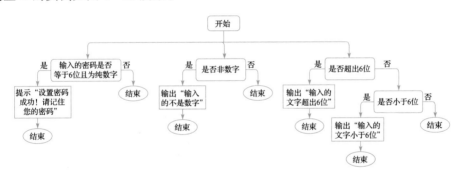

图 4 - 15   多组条件判断——类型 C 的实例

项目小结

本项目主要介绍了流程图元件的样式及意义，以及单组条件判断和多组条件判断的语句和意义。只有掌握了不同的条件判断语句的用法，再结合对应的流程图元件，才能绘制出能准确表达产品功能和特点的流程图。

思考与练习

创建网易网站页面结构并生成流程图，如图 4 - 16 所示。

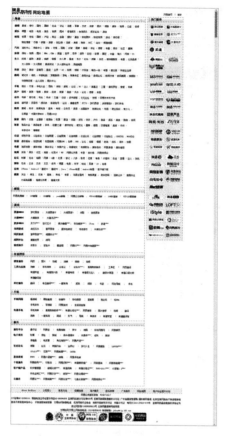

图 4-16　网易网站页面结构

1. 在页面面板建立页面之间的逻辑关系。在首页前新建一个页面，命名为"流程图"，并将其图表类型修改成"流程图"，如图 4-17 所示。

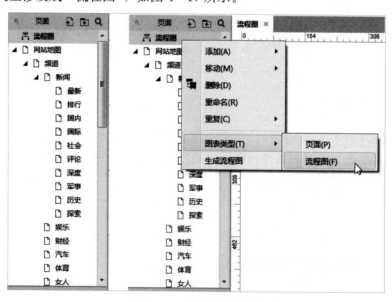

图 4-17　设置图表类型

2. 选中流程图页面，单击鼠标右键，选择"生成流程图"选项，弹出"生成流程图"对话框，选择"向下"选项，单击"确定"按钮即可生成流程图，如图 4 - 18 所示。

图 4 - 18　生成流程图

页面搭建及跳转

学习目标

1. 掌握简单页面的搭建方法。
2. 掌握设置页面跳转的方法。

5.1 搭建简单的页面

矩形元件是最常用的元件之一，其交互样式和交互事件均比较多。选中矩形元件，既可为其添加内容，也可以改变元件的圆角和形状等。

文本框元件的样式比较少，所以常和矩形元件一起使用。可以在元件属性面板中给文本框元件设定特殊的输入格式，用来调用移动设备上不同形式的键盘，可选格式：文本、密码、E-mail、number、phonenumber、url、搜索、文件、日期、month、time。还可以给文本框添加提示文字，并编辑提示文字的样式（提示文字会在单击文本框时消失）。

5.1.1 登录页面

如图 5-1 所示的登录页面为常见的简单页面。

图 5-1　登录页面

5.1.2　元件样式的添加

1. 添加外部阴影

选中要添加外部阴影的元件，在菜单栏或元件样式面板单击外部阴影按钮，进行外部阴影的设置。阴影的显示位置分为 3 种情况：

（1）四周都有阴影。把偏移的 x、y 值都设为 0，如图 5-2 所示。

图 5-2　四周都有阴影

（2）上侧、左侧有阴影。把偏移的 x、y 值都设为负数，如图 5-3 所示。

图 5-3　上侧、左侧有阴影

（3）下侧、右侧有阴影。把偏移的 x、y 值都设为正数，如图 5-4 所示。

图 5-4　下侧、右侧有阴影

2. 圆角的设置

选中要设置圆角的元件，在该元件的左上角会出现一个黄色的倒三角形，鼠标悬停在该图形上，按住鼠标左键左右拖动即可，如图 5-5 所示；也可以在元件样式面板中的"圆角半径"文本框中直接输入值，如图 5-6 所示。

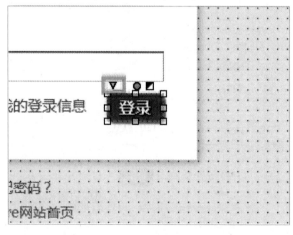

图 5-5　更改样式

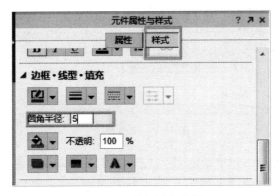

图 5 - 6　输入圆角半径

3. 圆角颜色的设置

可通过菜单栏中的边框、线型、填充按钮设置元件的边框样式以及填充色，如图 5 - 7 所示；也可以在元件样式面板中进行设置，如图 5 - 8 所示。

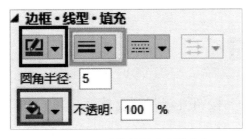

图 5 - 7　通过菜单栏设置填充色

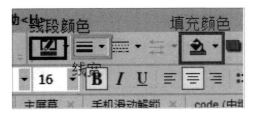

图 5 - 8　通过样式面板设置填充色

4. 交互样式——鼠标悬停

鼠标悬停交互样式常作用于单个元件，只有在预览的时候，才会显示交互效果。

5.2　生成与预览

同样一个原型，执行预览和生成命令后，在浏览器的地址栏里显示的地址是不一样的。

按"F8"键或选择"发布"菜单中的"生成 HTML 文件"命令可打开"生成 HT-ML"对话框，如图 5 - 9 所示。

图 5-9　文件路径

单击"生成"按钮之后，浏览器地址栏显示的就是我们刚才设置的文件夹路径。按"F5"键或单击"发布"菜单中的"预览"命令进行预览时，在浏览器中的地址栏将显示以"http：//127.0.0.1"开头的网址，"127.0.0.1"就是本机的 IP 地址。以这种方式打开原型的效果就像把 HTML 文件上传到网站服务器，然后通过输入网址打开，如图 5-10 所示。

图 5-10　打开效果

5.3　页面之间的跳转

5.3.1　单击"登录"按钮跳转到百度首页

选中"登录"按钮，添加交互事件。依次选择"鼠标单击时"—"打开链接"—"当前窗口"—"链接到 URL 或文件"，在文本框中输入"http：//www. baidu. com"，就能够实现单击"登录"按钮时在浏览器当前窗口打开百度首页的效果，如图 5-11 所示。

图 5-11　添加交互事件

5.3.2 用例编辑窗口及作用

用例编辑窗口包含用例名称、添加条件、添加动作、配置动作、组织动作等功能，相应的作用及用例见表 5-1。

表 5-1 用例编辑窗口多项功能及作用

名称	作用	生活用例
用例名称	修改用例名称，便于识别或者组织文档	下雨收衣服
添加条件	为之后的动作添加限制条件，仅在满足条件时执行	要下雨了
添加动作	选择在符合条件时执行的动作	1—打开；2—收取；3—关闭
配置动作	选择动作的目标对象，并进行相应的设置	1—窗户；2—衣服，范围选择为所有；3—窗户
组织动作	为添加的动作调整先后顺序	打开窗户＞收所有衣服＞关闭窗户

5.3.3 执行方式

在 Axure 用例中，动作是由上到下执行的，所以设置好顺序至关重要。就像我们在收衣服的时候必须先打开窗户，再收衣服，最后关闭窗户，打乱顺序就会出现问题。

5.3.4 添加用例

在 Axure 中，一个触发事件可以添加多个用例，一个用例可以添加多个动作。

项目小结

选中矩形元件，即可为其添加内容或设置元件的圆角和形状等。文本框元件常和矩形元件一起使用，可以给文本框元件设定特殊的输入格式，用来调用移动设备上不同形式的键盘，还可以给文本框添加提示文字。

思考与练习

1. 运用元件搭建页面并且添加样式和属性，实现页面跳转和元件焦点的交互动作。
2. 制作 QQ 登录页面、注册页面、找回密码页面并完成页面之间的跳转。

全局变量和局部变量的应用

学习目标

1. 了解全局变量和局部变量的概念。
2. 掌握全局变量和局部变量的应用方法。
3. 掌握通过变量进行已注册的验证的方法。

6.1 全局变量

变量是一个数据的存储容器，可将有用的数据存储在里面，以便在需要的时候调用。对变量的操作方式只有两种：存入和读取。Axure 中的变量有两种：一种是全局变量，另一种是局部变量。

全局变量（Global Variable）：默认显示名称 OnLoadVariable，作用范围为一个页面，即在站点地图面板中的一个节点（不包含子节点）内有效。全局变量可以直接赋值。

局部变量（Local Variable）：默认显示名称 LVAR1，LVAR2…，作用范围为一个 case 里面的一个事务，一个事件里面有多个 case，一个 case 里面有多个事务，可见局部变量的作用范围非常小。例如，在 case 里设置一个条件时，如果用到了局部变量，则这个变量只在这个条件语句里生效。局部变量只能依附于已有组件的使用，不能直接赋值。

下面以如图 6-1 所示的页面效果为例讲解全局变量的应用。

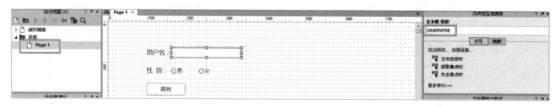

图 6-1 页面效果

在 A 页面中输入"赵大",并且选择性别"男",单击"跳转"按钮,跳转到 B 页面并显示"欢迎你,赵大帅哥!";而输入"王晓",选择性别"女"的时候,跳转到 B 页面并显示"欢迎你,王晓美女!"。

(1)新建 A 页面"pageA",放入元件并命名文本框为"username",性别选项使用单选按钮,男性为"male",女性为"female",并在属性中设置为一个单选按钮组,组名为"sex"。跳转按钮使用形状按钮,可以不命名。

(2)如果需要在 B 页面获取 A 页面中的数据,必须通过全局变量进行传递。所以,必须在 A 页面跳转之前,将页面上的数据保存到变量中,否则就会丢失。

在这个案例中,我们需要创建两个全局变量:一个用来存放输入的用户名,另一个用来存放输入的性别。

选择"项目"菜单中的"全局变量"命令,打开"全局变量"编辑窗口,这里默认创建了一个名为"OnLoadVariable"的全局变量。我们可以将其删除,也可以重命名。新建全局变量只需要单击窗口中的"+"按钮。

(3)鼠标右键单击默认的全局变量名称并为其重命名为"uname",然后,新建一个全局变量,命名为"usex",还可以为全局变量设置默认值,如图 6-2 所示。

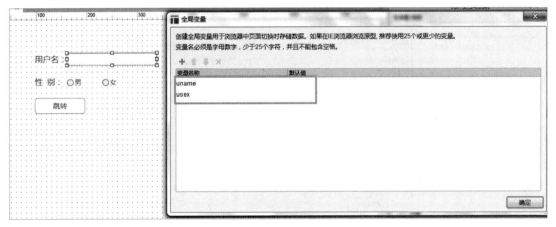

图 6-2 新建全局变量

(4)创建完变量后单击"确定"按钮关闭"全局变量"编辑窗口。

要保存的数据中,性别的数据是通过单选按钮来输入的,当任何一个单选按钮被选中时,全局变量"usex"保存的数据都应该随之变化。因此,应给每个单选按钮添加事件用例。

(5)单选按钮被单击时一定会变为被选中状态,所以,只需在单选按钮被单击时让全局变量中存入相应的数据就可以了。

单选按钮的"鼠标单击时"事件没有直接显示在触发事件列表中,需要在列表下方的"更多事件"中选择。

(6)先为单选按钮"男"添加用例动作,选择触发事件之后,在动作列表中找到"设置变量值",并勾选记录性别的全局变量"usex",将其值设置为"帅哥",如图 6-3 所示。

图 6-3　设置变量值 1

（7）同理，为单选按钮"女"添加用例动作，设置全局变量"usex"的值为"美女"，如图 6-4 所示。

图 6-4　设置变量值 2

（8）在"跳转"按钮的"鼠标单击时"事件上添加用例动作。单击"跳转"按钮后，除应跳转页面，还应在页面跳转之前将文本框中输入的用户名保存到全局变量"uname"中。注意：在用例编辑页面"组织动作"列表中，一定要把跳转页面的动作放到最后。因为在 Axure 中，程序的执行顺序是由上至下的，当前页面的动作不能到跳转后的页面去执行，页面跳转的动作会直接影响后面的动作，使它们失效。

（9）设置全局变量"uname"的值为"元件文字""username"，如图 6-5 所示。

图 6-5　设置全局变量

（10）通过以上的操作，我们就完成了 A 页面中的操作，下面设置 B 页面"pageB"，如图 6-6 所示。

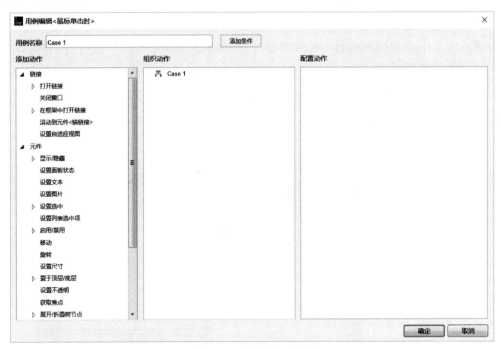

图 6-6　设置另一页面

（11）B 页面打开后应显示一句欢迎词："欢迎你，XXYY!"。XX 代表用户名，YY 代表根据性别的不同称谓，如图 6-7 所示。

（12）我们需要一个元件来显示欢迎词，可以用一个没有文字的文本标签，命名为"welcome"。

图 6-7　页面显示

（13）欢迎词是在页面打开的时候显示的。所以，需要在"页面交互"的触发事件"页面载入时"中添加用例动作。设置元件"welcome"的文本为"值"，内容为"欢迎你!"，如图 6-8 所示。

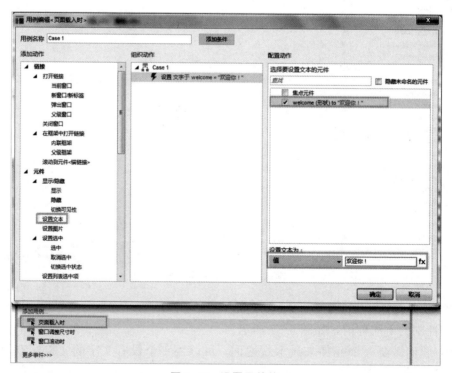

图 6-8　设置元件值

（14）用户名和性别对应的称谓都是通过全局变量传递的，那么，在设置元件"welcome"的文本时，如何把变量值嵌入这句欢迎词当中呢？

一共需要 3 个步骤：

1）单击"值"的输入框后面的"fx"，如图 6-9 所示，打开"编辑文本"窗口。

图 6-9　单击"fx"按钮

2）单击"插入变量或函数"，如图 6-10 所示，打开变量或函数列表。

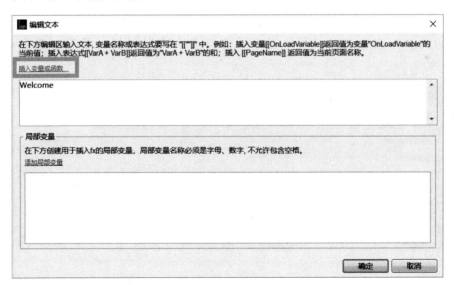

图 6-10　单击"插入变量或函数"链接

3）单击列表中全局变量的名称，将其插入写好的文本当中，如图 6-11 所示。当然，按照变量名格式手动输入也可以。完成这两个步骤后，保存并返回主界面。

图 6-11　插入变量

6.2　局部变量

　　局部变量只存在于特定的范围，只在这个特定范围内有效，只能够被一次写入，但可以被多次读取。

　　在 Axure 中写在"[[ ]]"里面的内容可以进行运算，而写在"[[ ]]"外面或者多个"[[ ]]"的内容写在一起时，则是将返回值与文字或返回值连接为一个字符串，如图 6-12 所示。

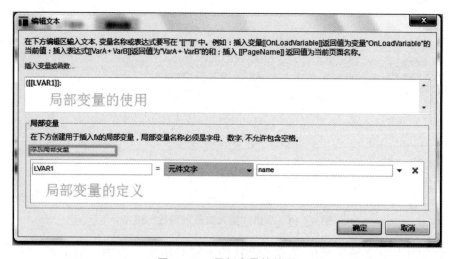

图 6-12　局部变量的使用

6.3 运用全局变量和局部变量

在这里我们设置了 3 组用户名和密码，第一组用户名是 cmy，密码是 123456；第二组用户名是 wang，密码是 123123；第三组用户名是 meng，密码是 121212。输入第一组用户名和密码，单击"登录"按钮，会跳转到首页；输入第二组、第三组，都能跳转到首页。将显示错误提示的元件命名为"tishi"并隐藏。如图 6-13 所示为登录验证的条件。

图 6-13 登录验证的条件

要实现这样的效果，就需要用到全局变量和局部变量（小括号用于区分每组数据，冒号用于区分每组数据中的用户名和密码）。

（1）判断用户名或密码为空时的情况。错误提示为：用户名或密码不能为空。选中"登录"按钮，添加交互事件"鼠标单击时"，进行条件判断，如图 6-14 所示。按照图 6-15 所示进行设置。

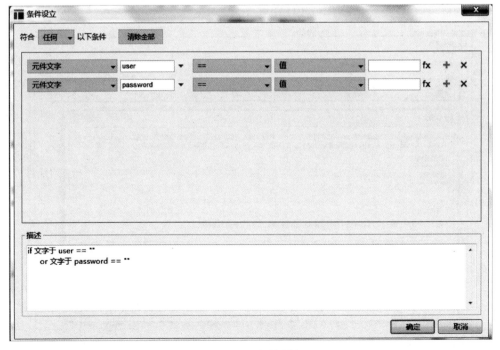

图 6-14 条件判断

图 6‑15　设置文本

（2）判断密码正确、用户名输入错误时的情况。错误提示为：用户名不正确，请重新输入。添加第二个用例，进行条件判断。其中，"user"是用户名文本框的名称，如图 6‑16 所示。按照图 6‑17 所示进行设置。

图 6‑16　添加用例

图 6‑17　设置文本

（3）判断用户名正确、密码输入错误时的情况。错误提示为：密码不正确，请重新输入。添加第三个用例，进行条件判断。其中，"user"是用户名文本框的名称，"password"是密码文本框的名称，如图 6‑18 所示。按照图 6‑19 所示进行设置。

图 6‑18　添加用例

图 6-19 设置文本

添加最后一个用例，即用户名和密码全都输入正确，登录成功，跳转到首页，如图 6-20 所示。

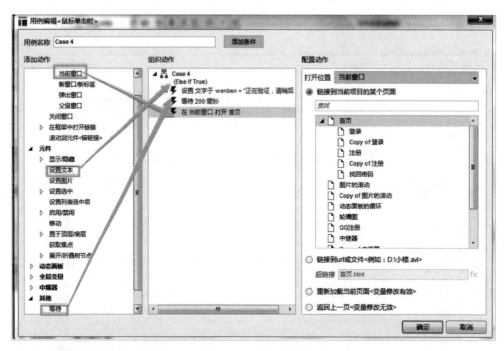

图 6-20 添加用例

如图 6-21 所示为多用户验证的所有用例。

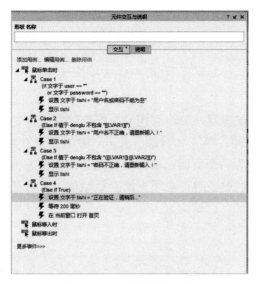

图 6 - 21　多用户验证用例

6.4　通过变量进行已注册的验证

　　注册后，即可成功登录。那么，如何把注册成功的信息加到"denglu"这个全局变量里面呢？当注册成功之后，即跳转到登录页之前，我们需要在变量里置入所输入的用户名和密码。也就是说把"denglu"变量里面的内容全部取出来，通过连接字符串连接新的内容，新的内容就是新注册的用户名和密码，如图 6 - 22 所示。

图 6 - 22　连接字符串

注意：如果先打开登录页的话，这一步（存储变量）是不执行的，因为页面已经跳转了，动作就不再执行了，所以必须先给变量赋值，再打开登录页。

项目小结

变量是一个数据的存储容器，可将有用的数据存储在里面，以便在需要的时候调用。对变量的操作方式只有两种：存入和读取。Axure 中的变量有两种：全局变量和局部变量。全局变量的作用范围为一个页面；局部变量的作用范围为一个 case 里面的一个事务。

通过变量进行已注册的验证时，必须先给变量赋值，再打开登录页。

思考与练习

1. 练习全局变量和局部变量的应用。
2. 拟定场景，通过变量进行已注册的验证。

制作轮播图

学习目标

1. 掌握图片垂直滚动的设置方法。
2. 掌握图片水平滚动的设置方法。
3. 掌握图片自动轮播的设置方法。
4. 掌握鼠标指针移入时图片停止循环的设置方法。
5. 掌握鼠标指针移出时图片继续循环的设置方法。

7.1 图片的垂直滚动

如果想在页面中显示图片，但图片尺寸大于显示区域，可以通过设置滚动条来解决。

（1）导入 5 张图片，调整为相同的高度和宽度，并同时转换成动态面板。此时，元件属性面板会自动取消勾选"自动调整为内容尺寸"，如图 7-1 所示。

图 7-1 导入图片

（2）在动态面板右侧添加垂直滚动条。在元件属性面板中设置"滚动条"为"自动显示垂直滚动条"，如图 7-2 所示。

图 7-2　设置滚动条

（3）设置显示的页数。

1）拖入一个矩形元件，用于显示页数。改变其样式，并命名为"yeshu"，如图 7-3 所示。

图 7-3　矩形元件

2）给动态面板添加交互事件：［滚动时］→［设置文本］→［[This. scrollY/300＋1]]，用于获取页数，如图 7-4 所示。

3）此时得到的数字是一个小数，通过命令 toFixed（）对超出指定位数的小数进行四舍五入，如图 7-5 所示。

图 7 - 4　添加交互

图 7 - 5　四舍五入

7.2　图片的水平滚动

方法同图片的垂直滚动的设置，只是在动态面板下方添加水平的滚动条。在元件属性面板中设置"滚动条"为"自动显示水平滚动条"，如图 7-6 所示。

图 7-6　水平滚动条设置

7.3　图片自动轮播

　　以 5 张图片进行循环为例，并确保 5 张图片尺寸一致。操作时，先放入 1 张图片元件并调整好尺寸，其余 4 张只需进行复制即可。但是，这 5 张图片需要放置在动态面板的 5 个状态中，分别在 5 个状态中进行复制粘贴图片元件的操作，显然是件麻烦的事情。对此，利用元件管理面板中的"复制状态"功能可使操作变得简便，另外，把这 5 个状态命名为"tu1"～"tu5"，如图 7-7 所示。

图 7-7　自动轮播设置

　　（1）先拖入一个图片元件，设置合适的尺寸，这里是 520 像素×310 像素，如图 7-8 所示。然后，将其转换为动态面板，并命名为"lunbotu"。这时，在元件管理面板中就能看到这个动态面板及其默认的首个状态"tu1"，拖入的图片元件就包含在这个状态中。

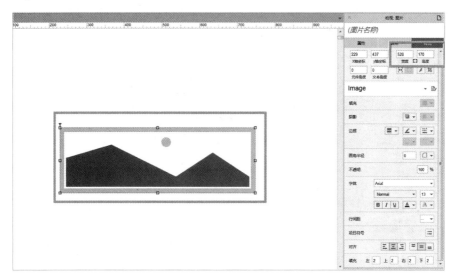

图 7-8　拖入元件

（2）在元件管理面板的元件列表中，选中"tu1"，单击 4 次"复制状态"按钮，这样就完成了状态和图片的同时复制。

（3）为每个图片元件指定不同的图片，在元件管理面板的元件列表中，双击两次图片元件即可打开文件选择窗口，选择本地的图片文件。

（4）返回页面，选中动态面板，为它添加触发事件："载入时"中的用例动作为"设置面板状态"，"lunbotu"的"选择状态为："为"Next"，勾选"向后循环"和"循环间隔"的选项，并设置循环间隔为"2000"毫秒，如图 7-9 所示。

图 7-9　设置面板状态

（5）幻灯片自动播放的效果制作完成，但是图片的切换效果比较生硬，为了让图片切换有滑动的效果，需要设置"进入动画"为"向左滑动""500"毫秒和"退出动画"为"向左滑动""500"毫秒，如图7-10所示。

图7-10　设置滑动效果

7.4　鼠标指针移入图片停止循环

鼠标指针移入"lunbotu"动态面板时，图片停止循环，并在左侧和右侧分别显示不同的图标，单击左侧的图标，图片切换到上一张；单击右侧的图标，图片切换到下一张。

（1）制作左侧和右侧的图标，拖入矩形元件，输入"<"或">"，设置样式，并分别命名为"left"和"right"，如图7-11所示。

图7-11　设置矩形样式

（2）隐藏"left"和"right"。因为在页面加载时，这两个图标应处于隐藏状态。

（3）给"lunbotu"动态面板添加交互事件"鼠标移入时"，用例动作为"显示"和"设置面板状态"，"lunbotu"的"选择状态为："为"停止循环"，如图7-12所示。

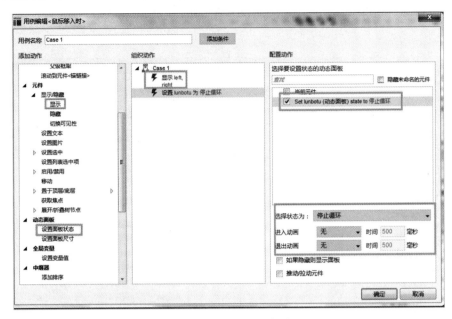

图7-12　设置面板状态

（4）单击"left"，切换到上一张图片，为其添加的交互事件为"鼠标单击时"，用例动作为"设置面板状态"，"lunbotu"的"选择状态为："为"Previous"，设置"进入动画"为"向右滑动""500"毫秒和"退出动画"为"向右滑动""500"毫秒，如图7-13所示。

图7-13　设置面板状态

（5）单击"right"，切换到下一张图片，为其添加的交互事件为"鼠标单击时"，用例动作为"设置面板状态"，"lunbotu"的"选择状态为："为"Next"，设置"进入动画"为"向左滑动""500"毫秒和"退出动画"为"向左滑动""500"毫秒，如图 7 - 14 所示。

图 7 - 14 设置滑动效果

7.5 鼠标指针移出图片继续循环

（1）给"lunbotu"动态面板添加交互事件"鼠标移出时"，用例动作为"隐藏"和"设置面板状态"，"lunbotu"的"选择状态为："为"Next"，勾选"向后循环"和"循环间隔"选项，并设置循环间隔为"2000"毫秒，设置"进入动画"为"向左滑动""500"毫秒和"退出动画"为"向左滑动""500"毫秒。

（2）如果只是这样设置，会出现错误，因为"left"和"right"元件也在"lunbotu"动态面板上，要判断鼠标指针是否移出"lunbotu"动态面板的范围，就要加上条件判断，如图 7 - 15 所示。

（3）因为只要满足其中一个条件即可，所以设置"符合"为"任何"。

（4）上边界和左边界各加 15，下边界和右边界各减 15。因为鼠标指针移出这个动作是在瞬间完成的，而其记录的 x、y 坐标是轮播图里面的坐标，鼠标指针移出后是找不到 x、y 坐标的，因此根据经验设置 15 像素这一数值，来确定鼠标指针是在轮播图范围以外。

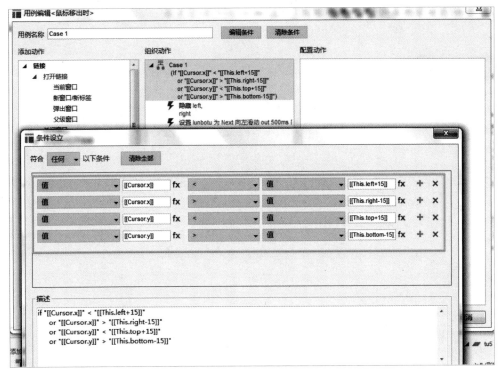

图 7 - 15 设置条件

项目小结

在动态面板中添加垂直滚动条和水平滚动条，可实现图片的滚动效果。通过对不同交互事件的设置，可以实现图片自动轮播效果、鼠标指针移入图片停止循环效果、鼠标指针移出图片继续循环效果。

思考与练习

1. 自选图片，转换成动态面板，制作垂直滚动条和水平滚动条。
2. 自选图片，制作轮播图效果。

中继器——数据的添加、删除、修改、更新

1. 了解中继器的组成。
2. 掌握中继器中的数据操作的方法。

8.1 中继器组成

8.1.1 数据集

数据集就是一张数据表，可以包含多行多列。可以单击"添加行"或"添加列"按钮来添加行或列，也可以单击对应的图标进行添加，如图 8-1 所示。

图 8-1 添加行或列

双击列名可以对其进行编辑，但要注意列名只能包含字母、数字和"_"，并且不能

以数字开头。

数据集中的内容可以包含文本、图片和页面，图片的导入和页面的引用可以通过在单元格上单击鼠标右键来选择相应的选项来实现，如图8-2所示。

图8-2　图片的导入和页面的引用

8.1.2　项目交互

项目交互功能主要用于将数据集中的数据传递到模板中的元件并显示出来，或者根据数据集中的数据执行相应的动作。项目交互只有3个触发事件，比较常用的是"每项加载时"，如图8-3所示，如果需要把数据集中的某些数据直接显示到模板的元件上，可在这里添加用例动作。例如，Axure软件在中继器中默认添加的一个用例动作就是把数据集中"Column0"这一列的值添加到矩形元件上。

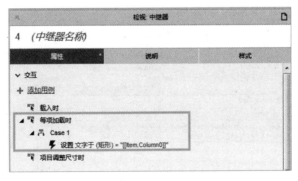

图8-3　添加交互

8.2　中继器中的数据操作

8.2.1　添加数据

添加数据其实是为中继器的数据集添加数据，然后通过项目交互在项目列表中显示出来。添加数据这个动作叫作"添加行"。

例如，可以为本项目中的球队中继器添加新的数据并显示出来。

先将中继器命名为"team"，然后，对应数据集中的 4 个字段放入 4 个文本框（分别命名为"name""team""shuju""zhanji"），用来接收输入的文字。之后，再添加一个按钮，作用是在单击这个按钮时，将 4 个文本框的数据保存到中继器数据集中新的行里面。

步骤 1　双击按钮的"鼠标单击时"事件，打开用例编辑窗口，如图 8-4 所示。

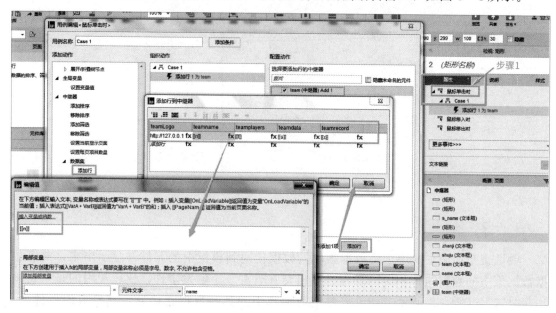

图 8-4　步骤 1

步骤 2　选择中继器数据集中的动作"添加行"，如图 8-5 所示。

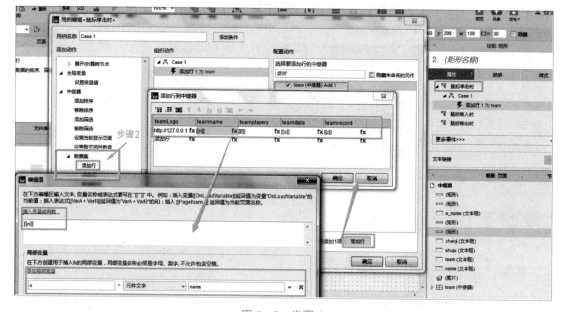

图 8-5　步骤 2

步骤3　勾选要添加行的中继器"team"，如图8-6所示。

图8-6　步骤3

步骤4　单击"添加行"按钮，打开"添加行到中继器"窗口，如图8-7所示。

图8-7　步骤4

步骤5　在"添加行到中继器"窗口中，我们能够看到之前做好的中继器数据集的4个列和1个空行。单击空行中每个单元格后面的"fx"，打开"编辑值"窗口，如图8-8所示。

图 8-8　步骤 5

　　步骤 6　设置局部变量以接收对应的文本框中输入的文字，例如，在空行中的 team-record 这一列设置局部变量"zhanji"接收文本框"zhanji"中的文字。

　　步骤 7　将局部变量填入值的编辑区，然后单击"确定"按钮退出。这样就把文本框中的文字写入了空行的单元格中。

　　步骤 8　编辑完所有单元格的值后，一整行数据就组织完毕了。当单击"添加"按钮时，就会将 4 个文本框中的数据组织成一行数据并添加到中继器的数据集当中，如图 8-9 所示。

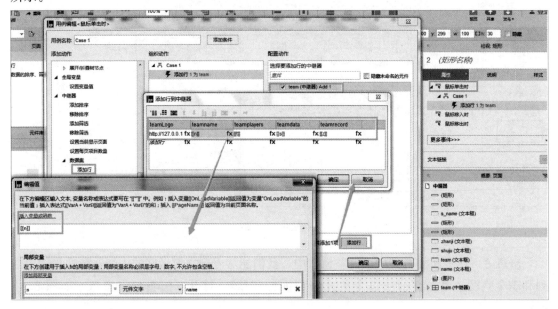

图 8-9　步骤 8

8.2.2　删除数据

删除数据分为几种情况：删除当前行、按条件删除和删除单行。

1. 删除当前行

删除当前行只需要将之前的中继器做一下调整，在模板的最右侧添加一个"删除"按钮，然后设置交互，步骤如下：

步骤 1　双击按钮的"鼠标单击时"事件，打开用例编辑窗口，如图 8–10 所示。

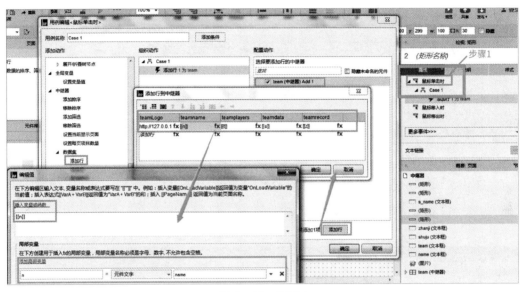

图 8–10　步骤 1

步骤 2　选择中继器数据集中的动作"添加行"，如图 8–11 所示。

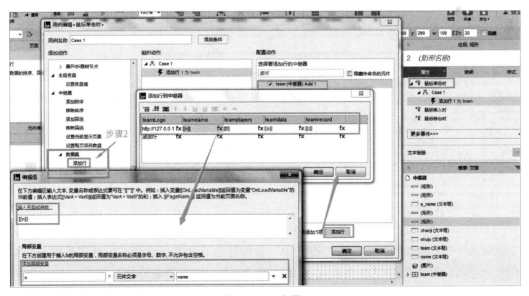

图 8–11　步骤 2

步骤 3 勾选要添加行的中继器 "team"，如图 8-12 所示。

图 8-12 步骤 3

步骤 4 单击 "添加行" 按钮，打开 "添加行到中继器" 窗口，如图 8-13 所示。

图 8-13 步骤 4

步骤 5 在 "添加行到中继器" 窗口中，我们能够看到之前做好的中继器数据集的 4 个列和 1 个空行。单击空行中每个单元格后面的 "fx"，打开 "编辑值" 窗口，如图 8-14 所示。

图 8 - 14　步骤 5

2. 按条件删除

按条件删除数据集中的数据，关键在于条件表达式的编写，例如按队名删除。为"删除"按钮的"鼠标单击时"事件添加用例动作。

步骤 1　选择中继器数据集中的动作"删除行"，如图 8 - 15 所示。

图 8 - 15　步骤 1

步骤 2　勾选要删除行的中继器"team"，如图 8－16 所示。

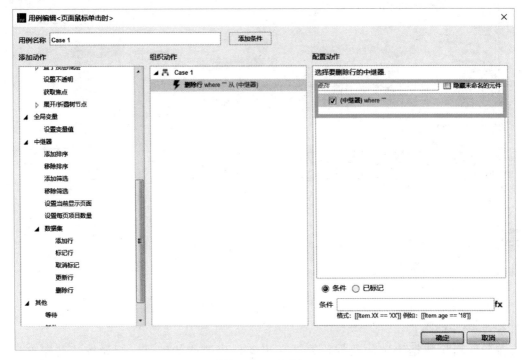

图 8－16　步骤 2

步骤 3　窗口右下角的选项会默认选中"条件"，如图 8－17 所示。

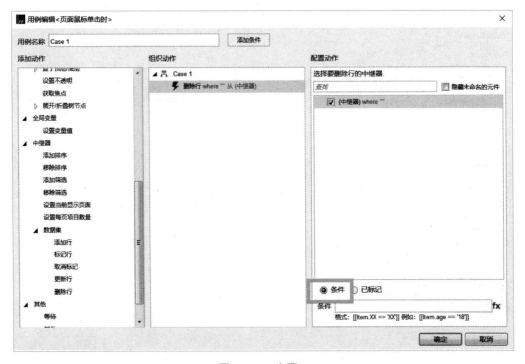

图 8－17　步骤 3

步骤 4　可以直接在条件输入框中输入表达式，不过这里需要用到局部变量来获取文本框中输入的学号，所以，单击"fx"打开"编辑值"窗口，如图 8-18 所示。

图 8-18　步骤 4

步骤 5　设置局部变量"sname"以获取文本框"sname"的文字，如图 8-19 所示。

图 8-19　步骤 5

步骤6　写入条件表达式：[[Item. teamname＝＝sname]]。这个表达式的意思就是当某一行"teamname"列的值（Item. teamname）等于（＝＝）文本框输入的内容（sname）时，将其删除，完整步骤如图8－20所示。

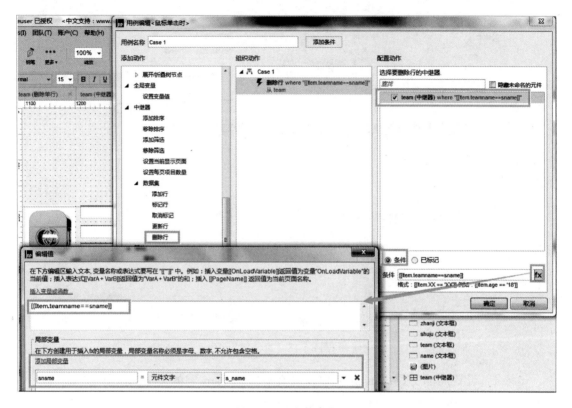

图 8－20　完整步骤

3. 删除单行

删除单行，也就是删除最后一个被选中的行。从原理上说，删除最后一个被选中的行其实也要有标记的动作。但是怎么才能只标记当前这一行，取消之前标记过的其他行的标记呢？很简单，只需要在标记当前行之前再添加一个动作，取消之前全部的标记就可以了。知道了原理，我们只需给"案例：删除多行"的矩形添加3个用例。

步骤1　选中当前元件，实现单击时整行变色效果，如图8－21所示。

步骤2　勾选中继器"team"，在窗口右下角选中"全部"，实现取消之前全部标记的效果，如图8－22所示。

步骤3　勾选中继器"team"，在窗口右下角选中"This"，实现标记当前行的效果，如图8－23所示。

步骤4　给"删除"按钮添加"鼠标单击时"事件的用例动作，设置动作"删除行"，勾选中继器"team"，在窗口右下角选中"已标记行"，如图8－24所示。

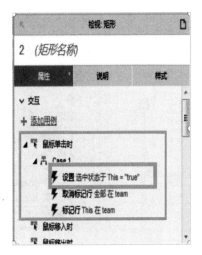

图 8 - 21　步骤 1

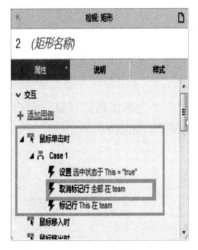

图 8 - 22　步骤 2

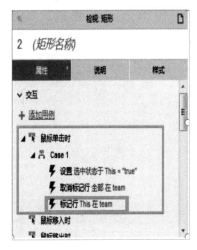

图 8 - 23　步骤 3

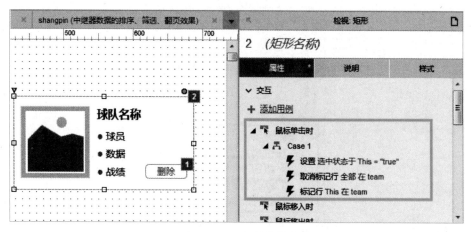

图 8-24 完整步骤

8.2.3 更新数据

更新数据是指对已有数据进行更改，包括：更新当前行、更新标记行和按条件更新。下面以更新标记行为例，讲解更新行的关键步骤。

案例：按队名更新数据

步骤 1 添加一个新的按钮，并为该按钮的"鼠标单击时"事件添加用例动作。

步骤 2 设置动作为"更新行"，如图 8-25 所示。

图 8-25 步骤 2

步骤 3 勾选中继器，如图 8-26 所示。

图 8-26　步骤 3

步骤 4 在窗口右下方选择"已标记"，如图 8-27 所示。

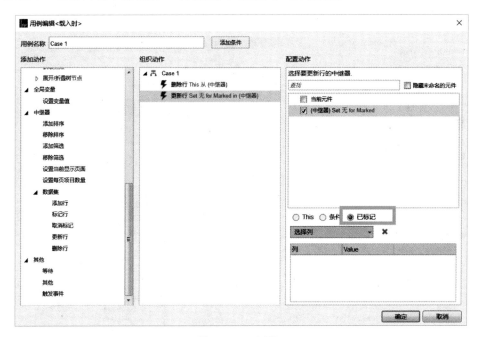

图 8-27　步骤 4

步骤 5 从列表中选取要写入数据的列名；单击列名后，相应的列名会出现在下方的编辑区，可以对要写入的列值进行编辑。这里分别单击 teamname 和 teamplayers 列名，将它们添加到下方编辑区中，如图 8-28 所示。

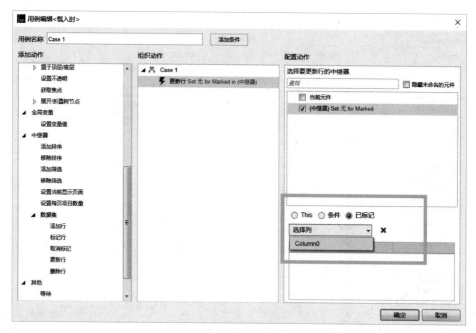

图 8-28　步骤 5

步骤 6　单击单元格后面的"fx"，然后通过局部变量获取文本框中的文字，写入列中，具体操作步骤如图 8-29 所示。

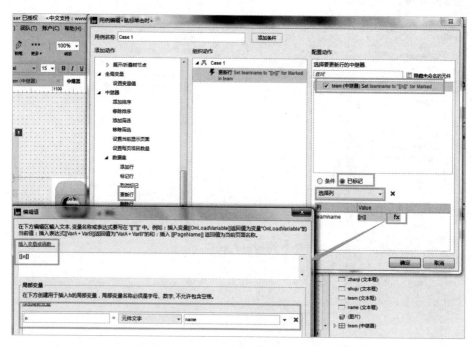

图 8-29　具体步骤

8.3 案例制作

将球队的信息以列表的形式呈现，如图 8 - 30 所示。

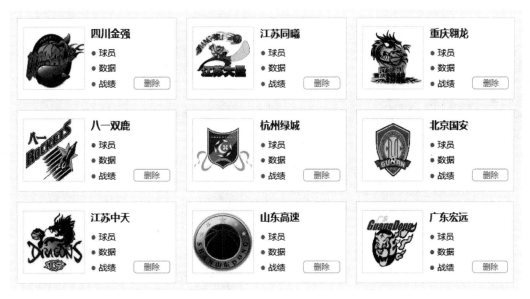

图 8 - 30　球队信息

1. 制作模板

在模板中放入一张图片、4 个文本标签和一个矩形，并调整好尺寸与样式，如图 8 - 31
所示。

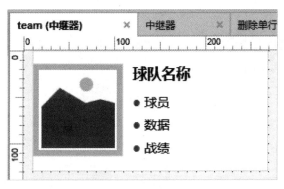

图 8 - 31　添加元件

然后，为元件命名：用于显示球队 Logo 的图片元件命名为"teamLogo"；用于显示
球队名称的文本标签命名为"teamname"；其他元件不改变内容，可以不命名。

接下来，在数据集中设置列与行。图 8 - 31 中的每一项都包含了 5 部分内容，球队
Logo、球队名称、球员、数据和战绩。所以，要在数据集中对应添加 5 列，并设定好列
的名称。之后，对应案例中 9 个球队的信息，添加 9 个空的数据行，如图 8 - 32 所示。

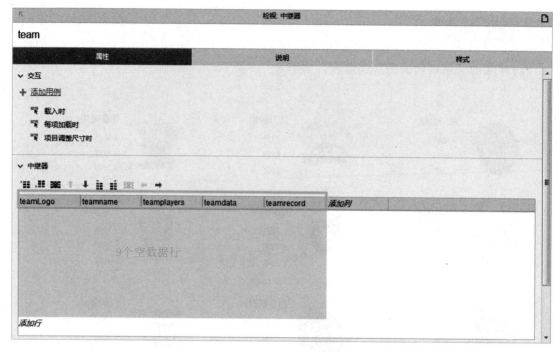

图 8 - 32 添加空数据行

最后，逐行地为每一列添加数据。

2. 导入图片

在单元格上单击鼠标右键，在弹出的菜单中选择"导入图片"，如图 8 - 33 所示，然后选择本地硬盘中的图片文件，即可将图片导入数据集。将 9 支球队的 Logo 全部导入。

图 8 - 33 导入图片

当图片导入数量较多时，可以先导入一张图片，选中该单元格，按快捷键"＋"进行复制，然后依次选中其他要导入图片的单元格，按快捷键"＋"进行粘贴。完成粘贴后，再单击每个单元格中蓝色的小图标重选图片。

3. 添加文字

双击单元格即可输入文字。将9支球队的名称全部输入，如图8-34所示。接下来，参照上面的操作把每一行的数据全部编辑完成。

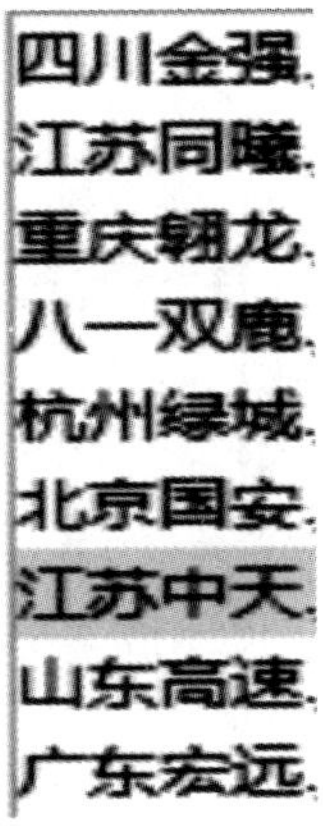

图8-34 球队名称

此时，页面中还不能显示出数据集中的数据，因为还差了最重要的一步——在项目交互中添加"每项加载时"事件的用例动作。然后，删除元件自带的用例动作再进行以下设置。

4. 设置球队名称

双击"每项加载时"事件名称，在用例编辑窗口中添加动作"设置文本"，文本标签"teamname"为"值"，然后，单击"fx"，在编辑文本窗口中单击"插入变量或函数"，选择列表中的"Item. teamname"，如图8-35所示。

"Item. teamname"中的"Item"是指当前所读取数据行的数据集合，也可称之为当前被读取数据行的对象。通过"Item. teamname"就能够获取数据集合中"teamname"这一列的值。所以，通过上面的动作就完成了将数据集中的数据向模板中元件的传递。

5. 设置球队 Logo

在动作列表中选择"设置图片"，勾选"Set teamLogo"，如图8-36所示，在图片的"Default"设置中选择"值"，然后单击"fx"，进入"编辑值"窗口，在"插入变量或函数"的列表中选择"Item. teamLogo"后保存并退出到主界面。

此时，球队 Logo 图片和球队名称便都已经加载到模板上并显示出来。

6. 样式设置

样式设置功能可以帮助我们调整项目列表的排版、布局和分页等样式，如图8-37所示。

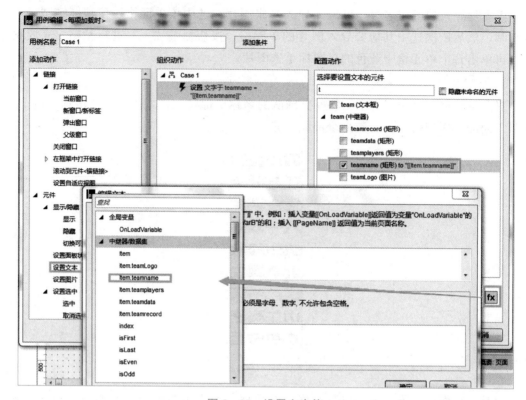

图 8-35　设置文本值

图 8-36　设置球队 Logo

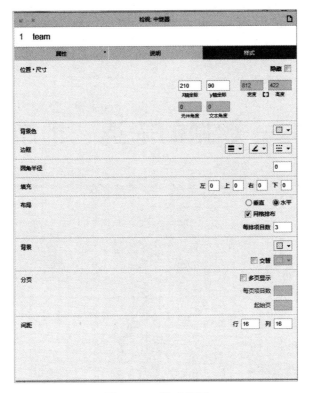

图 8 - 37　样式设置

项目小结

中继器部件用于显示重复的文本、图片和链接，如商品列表、用户信息等。可以模拟数据库的增、删、改、查操作。

中继器由数据集和项组成。数据集决定重复显示的项的个数；项决定数据展示的部件。

思考与练习

实现京东网站商品列表页中继器数据的操作（添加、删除、更新），并实现分页和翻页功能。

中继器——数据的筛选、排序、查询

学习目标

1. 掌握数据筛选的方法。
2. 掌握数据排序的方法。
3. 掌握数据查询的方法。

9.1 数据的筛选

筛选功能从表现形式的角度可看作查询，例如按商品名称查询，或者按价格区间查询。筛选的关键在于条件表达式的编写。

9.1.1 数据筛选

以常用的按关键字查询为例，需要设置一个文本框（命名为"searchkey"）来接收用户的输入，再设置一个"查询"按钮，单击该按钮时能够查询出相关的结果。为此，双击"查询"按钮的"鼠标单击时"事件，打开用例编辑窗口，进行筛选动作的设置。

具体步骤如下：

步骤1 选择动作"添加筛选"，如图9-1所示。

步骤2 勾选中继器"shangpin"，如图9-2所示。

步骤3 设置一个筛选的名称（可以随意设置），如图9-3所示。

步骤4 单击条件输入框后面的"fx"，打开"编辑值"窗口，如图9-4所示。

步骤5 设置局部变量"key"以接收用户在文本框"searchkey"中输入的查询关键字，如图9-5所示。

步骤6 添加条件表达式 [[Item. miaoshu. indexof（key）>－1]]，如图9-6所示。

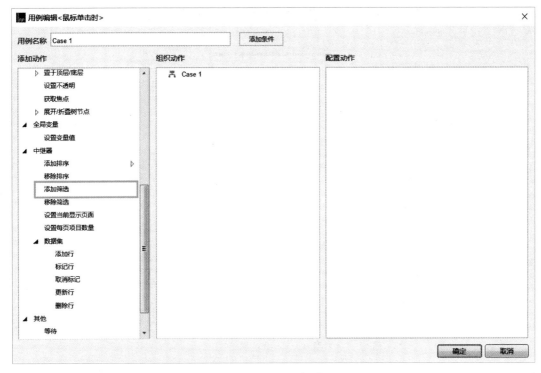

图 9-1　添加筛选

图 9-2　选择中继器

图 9-3　设置名称

图 9-4　编辑值

　　这个条件表达式的作用是将所有名称中包含查询关键字的项筛选出来。通过字符串函数 indexof 查询商品名称 "miaoshu" 中关键字 "key" 的位置。因为函数 indexof 的返回值是参数在文本对象中首次出现的位置，所以，如果查询到包含关键字的项，返回值肯定大于等于 0，否则就是−1。

　　例如，当我们输入"巧克力"时，如果商品名称中包含"巧克力"这个关键字，"Item. miaoshu. indexof（key）"就会获取一个大于−1的值，这时候条件成立，所有符合条件的项就会被筛选出来。

图 9-5　局部变量

图 9-6　添加表达式

9.1.2 取消筛选

在动作列表中选择"移除筛选"，然后取消勾选筛选的中继器，在窗口右下角输入筛选的名称即可取消筛选，如图9-7所示；勾选"移除全部筛选"则能够取消所有筛选，如图9-8所示。

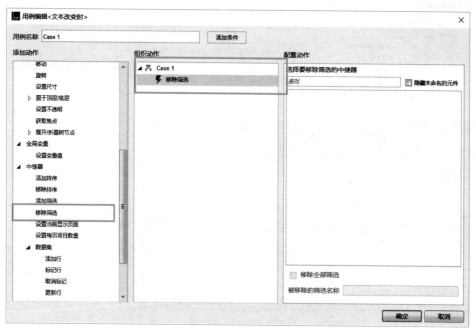

图9-7　取消单个筛选

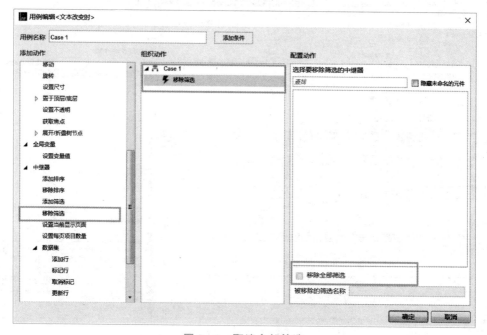

图9-8　取消全部筛选

筛选和排序一样，也支持多个筛选条件同时存在，每增加一个筛选条件就是在之前的筛选结果上再次进行筛选。例如，先筛选出名称符合条件的商品，再筛选出价格符合条件的商品，最终的筛选结果就是名称和价格均符合筛选条件的商品。如果两个筛选条件之间没有任何关联，则需要在添加新的筛选前，取消之前的筛选。

9.2 按价格区间进行查询

要设置价格区间需要有两个界定值，这两个值需要用户输入。当单击"查询"按钮时，查询出价格在输入的最小价格与最大价格之间的商品。这里放入两个文本框并分别命名为"minprice"和"maxprice"，用于接收用户输入的最小价格和最大价格，然后放入一个"查询"按钮，为其添加"鼠标单击时"事件的用例动作。具体步骤与数据筛选案例类似，唯一不同的是条件表达式，如图9-9所示。

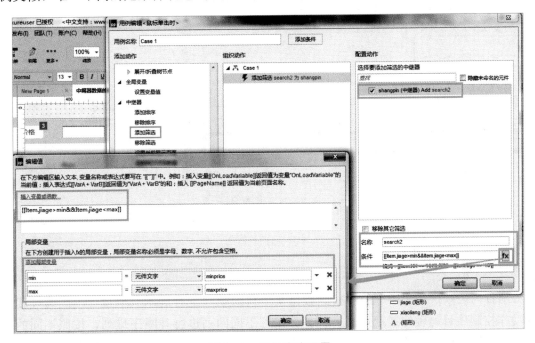

图9-9 数据查询设置

条件表达式[[Item.jiage>min&&Item.jiage<max]]的作用是将所有价格大于最小价格并且小于最大价格的商品筛选出来。

"Item.jiage>min"表示商品价格大于最小价格，其中"min"为局部变量，能够获取文本框"minprice"中输入的最小价格，如图9-10所示。

"Item.jiage<max"表示商品价格小于最大价格，其中"max"为局部变量，能够获取文本框"maxprice"中输入的最大价格，如图9-11所示。

"&&"为逻辑运算符，表示必须同时符合以上两个条件，这个表达式才成立。

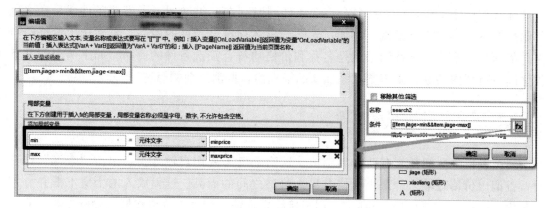

图 9 - 10　最小价格

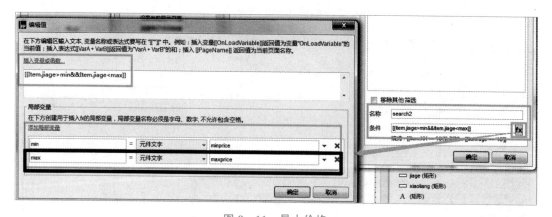

图 9 - 11　最大价格

9.3　数据的排序

　　项目列表默认是将所有的项按照数据集中行的顺序进行展示。不过，也能通过相应的动作控制项目列表的展示形式。例如：按照不同的列进行升降序排列，按照不同的条件显示筛选结果，等等。这里我们预先准备一个商品列表，包含图片、商品名称、价格和销量，然后以这个列表为例进行排序设置，如图 9 - 12 所示。

9.3.1　按销量排序

　　单击"销量"按钮时，将商品按销量进行降序排列，实现步骤如下：

步骤 1　双击"销量"按钮的"鼠标单击时"事件，打开用例编辑窗口。

步骤 2　设置动作"添加排序"，如图 9 - 13 所示。

步骤 3　勾选中继器"shangpin"，如图 9 - 14 所示。

步骤 4　添加这个排序规则的名称（随意设置即可），如图 9 - 15 所示。

图 9 - 12　商品列表

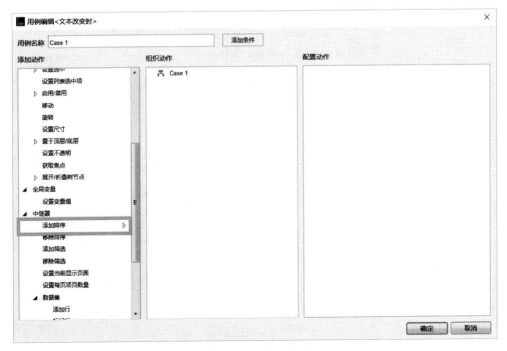

图 9 - 13　添加排序

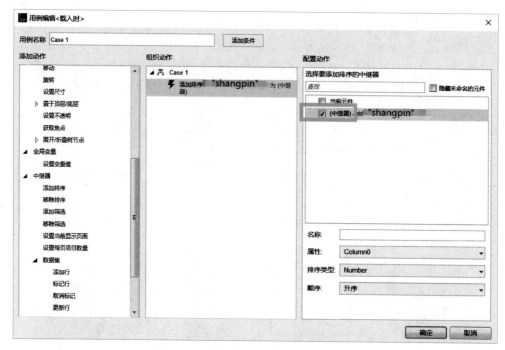

图 9 - 14　选择中继器

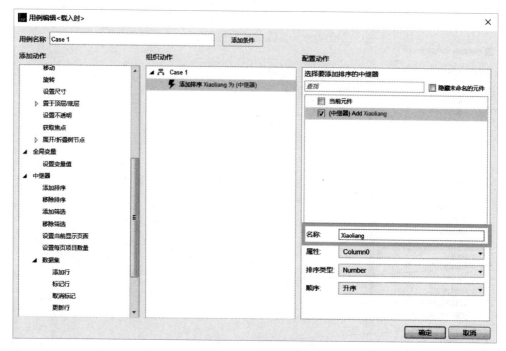

图 9 - 15　添加名称

步骤 5　选择排序所依据的列，如图 9 - 16 所示。

步骤 6　选择列值的类型，这里是根据销量排序，类型为 "Number"，如图 9 - 17 所示。

步骤7 选择排序的方式为"降序",如图9-18所示。

图 9-16 选择列

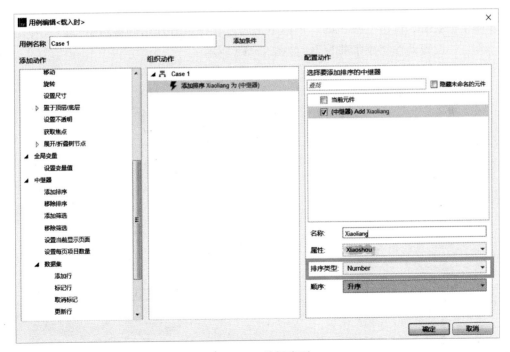

图 9-17 选择类型

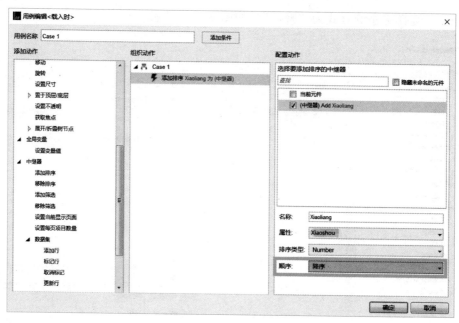

图 9-18　选择排序方式

9.3.2　按价格排序

单击"价格"按钮时,将商品按价格升序的方式排列,即价格最低的商品排序靠前;再次单击"价格"按钮时,将排序的方式切换为降序。

步骤 1　双击"价格"按钮的"鼠标单击时"事件,打开用例编辑窗口。

步骤 2　设置动作"添加排序",如图 9-19 所示。

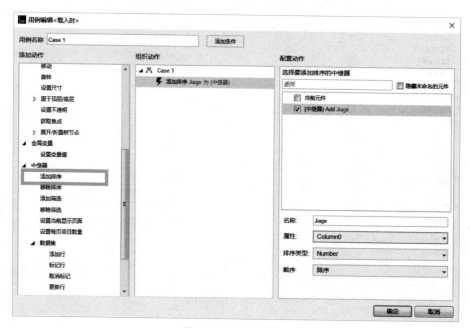

图 9-19　添加排序

步骤3 勾选中继器"Jiage",如图 9-20 所示。

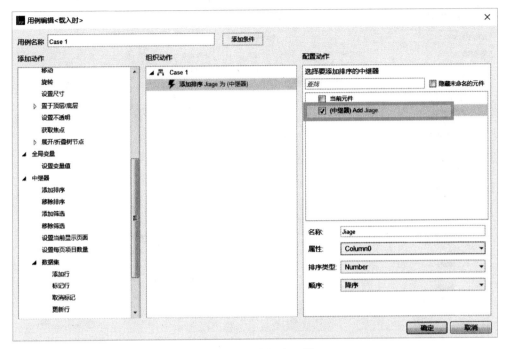

图 9-20 选择中继器

步骤4 添加这个排序规则的名称(随意设置即可),如图 9-21 所示。

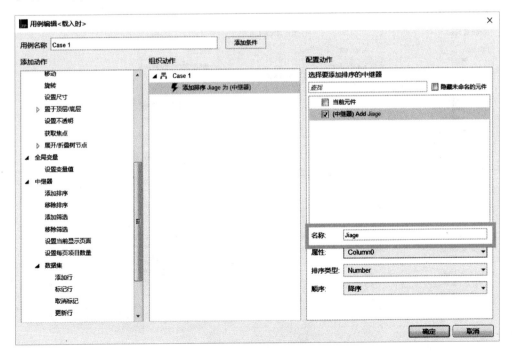

图 9-21 设置名称

步骤 5 选择排序所依据的列，如图 9-22 所示。

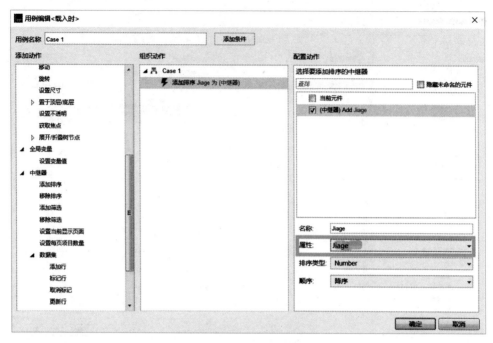

图 9-22 选择列

步骤 6 选择列值的类型，这里是根据销量排序，类型为 "Number"，如图 9-23 所示。

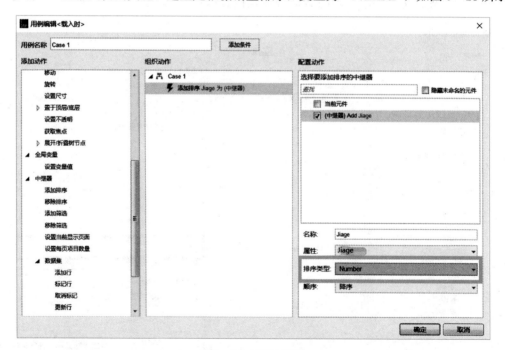

图 9-23 选择类型

步骤 7 选择排序的方式为 "切换"；默认顺序为 "升序"，如图 9-24 所示。

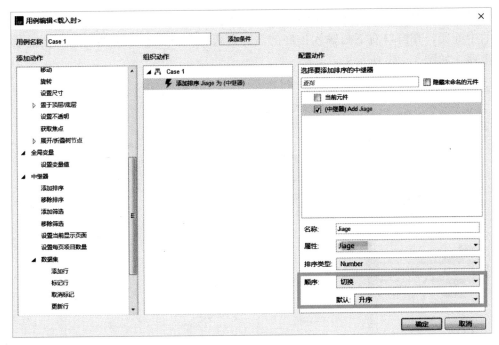

图 9 - 24　选择顺序

与前一个案例"按销量排序"比较，这个案例只是在第 7 步略有不同。可见，排序的设置比较简单，只要选择好各个选项即可。

9.3.3　排序类型

排序的类型一共有 5 种，如图 9 - 25 所示。

类型 1　Number：数值类型。

类型 2　Text：文本类型（不支持中文）。

类型 3　Text（Case Sensitive）：区分大小写的文本类型（不支持中文）。

类型 4　Date-YYYY-MM-DD：日期类型，格式为 2020-07-28。

类型 5　Date-MM/DD/YYYY：日期类型，格式为 06/21/2020。

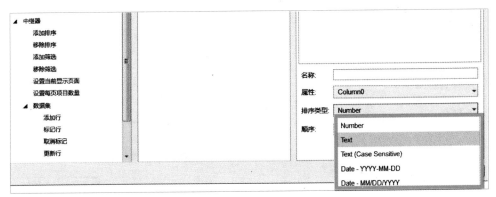

图 9 - 25　排序类型

如果需要取消排序，在动作列表中选择"移除排序"，如图 9 - 26，然后勾选要取消排序的中继器，在窗口右下角输入排序的名称即可；勾选"移除全部排序"则能够取消所有排序，如图 9 - 27 所示。

图 9 - 26　移除单个排序

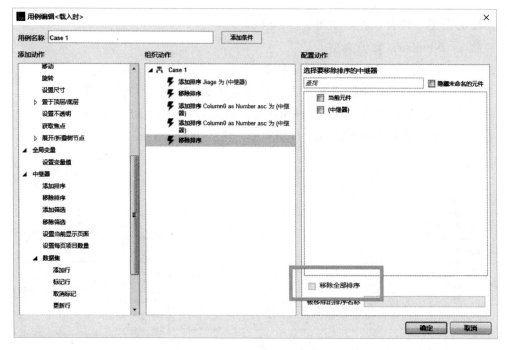

图 9 - 27　移除多个排序

不同类型的排序可以同时存在，例如：按销量降序排序，销量相同时按价格升序排序。这就需要先做价格排序，然后在排序后的项目列表上做销量排序。也就是说主要排序要添加在后面。

项目小结

在中继器中，设置排序条件（如关键字条件，筛选条件）的根本原则是需要对用户寻找目标信息有帮助。

筛选条件是根据用户输入的关键字提炼出此类关键字对应的某一类商品，以便于用户通过这一类商品所涉及的参数字段来选择目标商品。相对于排序而言，筛选是将满足筛选条件的商品展示出来，筛选和排序是可以同时存在的。

思考与练习

实现京东网站商品列表页中继器数据的操作（筛选、排序、查询），并实现分页和翻页功能。

参考文献

1. 车云月. Axure 原型设计实战. 北京：清华大学出版社，2017.
2. 冀托. Axure RP 原型设计基础与案例实战. 北京：机械工业出版社，2017.
3. 张晓景. Axure RP 8.0 原型设计完全自学一本通. 北京：电子工业出版社，2016.

Axure
原型设计
基础

本教材以专业性、实用性为立足点，以知识技能项目化的方式推动理论学习和实践课堂教学，教材所采用的案例均来自行业实际。通过本教材的学习，学生不仅可以掌握Axure的各项功能，制作出常用的产品原型，具备快速创建应用软件或Web网站的线框图、流程图、原型等的能力，而且能够尽快适应未来相关岗位的工作。

本书配备教学资源，请登录中国人民大学出版社官网（www.crup.com.cn）免费下载。

策划编辑　李　剑
责任编辑　苏昌盛
封面设计　远 平

教师咨询

ISBN 978-7-300-28922-9

9 787300 289229 >

定价：29.00元

智能时代新商科高职通识教育改革研究成果

21世纪高职高专规划教材·通识课系列

人工智能应用概论

主　编　莫少林　宫　斐
副主编　莫小泉　罗　宁

Introduction to Artificial
Intelligence Applications

中国人民大学出版社